JN025534

コンクリート構造工学 第5版

戸川一夫／岡本寛昭／伊藤秀敏／豊福俊英
Togawa Kazuo　Okamoto Hiroaki　Ito Hidetoshi　Toyofuku Toshihide

三岩敬孝／横井克則／青木優介／武田字浦
Mitsuiwa Yoshitaka　Yokoi Katsunori　Aoki Yusuke　Takeda Naho

共著

森北出版株式会社

第5版に際して

　（公社）土木学会のコンクリート標準示方書設計編[1] が2017年に改訂された．今回，その改訂に準じて，本書を書き改めて第5版として発刊する．なお本書では，これ以降この改訂された示方書を示方書設計編といい，参考文献番号は記さないこととする．

　以下に，第4版から改訂したおもな内容を列挙する．

① 第1章においては，示方書改訂にともなう限界状態設計法の考え方の変更について加筆・修正した．

② 第2章においては，SD 685 までの鉄筋を使用可能になったことを加筆した．

③ 第4章においては，曲げを受ける鉄筋コンクリートはりの変形挙動について図を追加した．

④ 第5章においては，設計せん断耐力算定式を適用する場合，確認しておくべき事項について加筆した．

⑤ 第7章においては，中性化と水の浸透にともなう鋼材腐食に対する照査を加え，この例題および演習問題も加えた．また，照査方法の掲載順を示方書設計編を参考に再整理した．

⑥ 第8章においては，疲労破壊に対する安全性の照査について，示方書設計編に準じて文章を整理した．

⑦ 第9章においては，地震時保有水平耐力法および構造細目に関する記述を改めた．それにともない，例題を削除し，演習問題の内容を変更した．また，地震動の定義を改訂した．

⑧ 第10章においては，示方書設計編で規定されている一般的な構造細目に準じて，文章および図表を整理した．

⑨ 第11章においては，スラブ，はり，およびフーチングの設計法について，示方書設計編に準じて文章および図表を整理した．

⑩ 第12章においては，プレストレストコンクリートに関して，PC用材料の規格など，示方書設計編に準じて文章および図表を整理した．

　1999年の本書初版からの執筆者は，すでに現役を離れている．そのため，今回から，現在コンクリート工学の教育，研究の第一線で活躍されている新進気鋭の4名の方々に執筆者として加わってもらった．今後とも本書をご愛読いただきたい．また，不備な点や誤りがあった場合には，読者諸賢のご教示を賜れれば幸いである．

　改訂にあたりご尽力頂いた森北出版（株）の小林巧次郎氏，富井晃氏に厚くお礼申し上げる．

2019年12月

編著者　戸川一夫

まえがき

　本書は，大学および工業高等専門学校において，鉄筋コンクリートおよびプレストレストコンクリートのコンクリート系構造の設計理論の基礎を修得するための教科書として執筆したものである．

　土木学会のコンクリート標準示方書では，上述のコンクリート系構造の設計理論として，従来の「許容応力度設計法」，「終局強度設計法」とは別に，1986 年の大改訂時に「限界状態設計法」を採用することになった．

　このため，本書は最新のコンクリート標準示方書に準じて，限界状態設計法の基本的な考え方を習得していただくとともに，鉄筋コンクリート構造物，プレストレストコンクリート構造物を設計するための基礎となる各種荷重下における断面力および断面耐力の算定方法について学習できるように留意した．

　本書は，各章において重要な点について例題や演習問題をもうけて，学んだ知識が身につくように配慮したつもりである．

　執筆にあたり，全般を通じて参考にさせていただいた参考図書は以下のとおりである．著者の方々に厚くお礼申しあげるしだいである．

　　土木学会：コンクリート標準示方書（平成 8 年版）設計編
　　岡田　清・不破　昭・伊藤和幸・平澤征夫：鉄筋コンクリート工学（鹿島出版会）
　　小林和夫：コンクリート構造学（森北出版）

　執筆者の浅学非才により，今後さらに充実すべき点や，誤りを犯している点が多々あると思われるが，読者諸賢のご意見やご指導を賜れれば幸いである．

　最後に執筆の機会を与えていただいた前 宇部工業高等専門学校校長 大原資生先生に感謝いたします．また，出版に際してご尽力いただいた森北出版(株)の渡辺侃治氏，石田昇司氏に厚くお礼を申し上げる．

　1999 年 11 月

著者一同しるす

目　次

記号・単位

本書で用いる記号は，示方書設計編に基づいている．重要な記号およびその添字を以下に示す．

記 号

A：断面積
b：幅
c：かぶり
d：有効高さ
E：ヤング係数
e：偏心距離
F：作用（あるいは荷重）
f：材料強度
G：断面一次モーメント
I：断面二次モーメント
h：部材高
l：スパン，ひび割れ間隔
M：曲げモーメント
N：軸方向力，回数
n：中立軸，ヤング係数比
P：プレストレス力

p：鉄筋比
s：間隔
t：フランジ厚
V：せん断力
w：等分布荷重，ひび割れ幅
x：圧縮縁から中立軸までの距離
z：アーム長
α：部材軸となす角度
β：せん断耐力に関する係数
γ：安全係数，リラクセーション率
δ：変位
ε：ひずみ
σ：応力度
τ：せん断応力
ϕ：鉄筋径
ρ：修正係数

添 字

a：許容値，解析
b：曲げ，釣合い，部材
b_o：付着
c：コンクリート，圧縮，クリープ
cr：ひび割れ
d：設計用値
e：有効，換算
f：作用（あるいは荷重）
g：全断面
i：換算，構造物
k：特性値，中立軸比

m：材料，平均
n：軸方向
p：PC 鋼材，永続
r：変動
s：鉄筋
t：引張り
u：終局
v：せん断
w：部材腹部
y：降伏
$'$：圧縮

例：f'_{cd}：コンクリートの設計圧縮強度
V_{sd}：せん断補強鉄筋が受けもつ設計せん断耐力

単 位
本書は，SI 単位によって記述されているが，そのおもな単位を以下に示す．

力，作用，集中荷重：N
強度，応力，ヤング係数：N/mm^2
曲げモーメント：N·mm

分布荷重：N/m
単位重量：kN/m^3
せん断力，軸方向力：N

第1章

コンクリート構造と設計法

コンクリート構造物は公共性が高く，長期間健全であることが要求されるので，設計段階において合理的かつ十分な検討が必要である．この章では，まず，コンクリート構造の種類と特徴について述べるとともに，コンクリートと鋼材の組み合わせがすぐれた構造用材料として成り立つ要件について説明する．

さらに，コンクリート構造物の設計法として，示方書設計編に準じて，限界状態設計法の考え方と適用法について説明する．また，鉄筋コンクリートとプレストレストコンクリートを設計する際の基本的な考え方についても述べ，本書の導入部とする．

1.1 コンクリート構造の種類と特徴

1.1.1 種　類

コンクリートは，圧縮応力には強いが，引張応力には非常に弱い．コンクリート部材において，荷重によって引張応力が生じる部分に，引張応力に強い鋼材（鉄筋）を配置して補強したものが**鉄筋コンクリート** (Reinforced Concrete: RC) である．

また，高張力鋼材を高応力で緊張した状態でコンクリートに定着し，コンクリートにあらかじめ圧縮応力を与えること（プレストレスという）によって，荷重による引張応力を打ち消すようにしたものを**プレストレストコンクリート** (Prestressed Concrete: PC) とよぶ（第12章参照）．これら以外に，鉄筋のほかに鉄骨も併用したものを**鉄骨鉄筋コンクリート** (Steel Reinforced Concrete: SRC) という．これらを総称してコンクリート構造とよんでいる．鉄筋コンクリート橋とプレストレストコンクリート橋をそれぞれ図 1.1 と図 1.2 に示す．

コンクリートと鋼材は，まったく異なった性質をもつ材料であるが，両者が一体となって長年にわたり有効な構造部材となりうるのは，主としてつぎのような理由による．

① コンクリートは強アルカリ性なので，鋼材がさびにくい．
② コンクリートと鋼材との間には，相当大きな付着力がある．
③ コンクリートと鋼材の熱膨張係数は，10×10^{-6} 程度でほぼ等しいので，温度変化が起こっても付着している両者の間にずれは生じない．

図 1.1　鉄筋コンクリート橋
（北神戸線布施畑高架橋，(財)阪神高速道路管理技術センター提供）

図 1.2　プレストレストコンクリート橋：角島大橋（山口県下関市）

1.1.2　特　徴

　コンクリート構造は，コンクリートと鋼材のそれぞれの欠点を相補い，それぞれの利点だけを利用した合理的な構造体であり，つぎに述べるような多くの長所をもっている．しかしながら，短所も有するので，設計，施工に際しては慎重な配慮が必要である．長所と短所を表 1.1 に示す．

　以下に今後の改善が望まれる点と，改善策について列挙する．

表 1.1 コンクリート構造の特徴

長 所	短 所
① 経済的な材料である．また，施工費，維持管理費も一般に鋼構造と比較して安い．	① 同一耐荷力の構造物をつくる際，コンクリート構造は，鋼構造と比較して断面が大きくなるから，質量が非常に大きくなる．とくに，長大構造物などには不利となる．
② 材料の入手および運搬が容易である．	② 引張強度が弱いために，収縮応力や温度応力などによってひび割れが生じやすく，また衝撃を受けると局部的に破損しやすい．
③ コンクリートは不燃性であり，熱の不導体であるため，火災で構造物全体が破壊することはなく，耐火性に富む．	③ 人的な要因によって，施工が粗雑になりやすい．
④ コンクリートは風雨，寒暑の影響を受けることが少なく，また鋼材はコンクリート中に完全に埋め込めばさびにくいため，耐久性に富む．	④ 塩害やアルカリ骨材反応などによって，構造物に欠陥が生じた場合には，補修や改造がむずかしく，改善が困難な場合もあり，設計，施工に細心の注意を要する．
⑤ 構造物を一体としてつくることができ，継手が少ないので，耐震性に富む．	⑤ 型枠の費用は全工事費の 15～40% にもなり，軽視できない．
⑥ 任意の形状，寸法の構造物を比較的容易につくることができる．	

a) 上部のコンクリート構造物が重いと基礎工事費が高くなる．この点を改善するためには，材料面ではコンクリートの高強度化や，人工軽量骨材の利用，構造形式の面ではプレストレストコンクリート構造の選定などが挙げられる．

b) コンクリートはひび割れやすく，局部的に破損しやすい．そのため，材料面では繊維補強コンクリートや膨張コンクリート，ポリマーセメントコンクリートなど，構造形式ではプレストレストコンクリートなどの利用が考えられる．

c) 合理的な設計がなされても，実際に施工が粗雑であれば，所要の性能の構造物は得られない．そのため，コンクリートの施工は厳重な管理を必要とする．今後，高流動コンクリートなどの利用による施工の合理化や省力化が期待される．

1.2 用 語

ここでは，主として第 1 章にでてくる主要な用語について説明する．

要求性能：構造物の用途や機能に応じて，構造物に求められる性能．

限界状態：構造物が要求性能を満足しなくなる限界の状態．

照査（性能照査）：構造物が要求性能を満たしているか否かを判定する行為．実物大の供試体による確認実験や，経験的かつ理論的確証のある解析による方法などがある．

照査指標：要求性能を定量評価可能な物理量に置き換えたもの．

供用期間：構造物を供用する期間.

設計耐用期間：設計時において，構造物または部材が，その目的とする用途・機能を十分果たさなければならないと規定した期間.

設計応答値：設計作用により生じる応答値に，構造解析係数を乗じた値.

設計断面力：設計作用の組み合わせによる断面力に，構造解析係数を乗じた値で，力を照査指標とした設計応答値.

設計限界値：材料物性の設計値を用いて算定した部材または構造物の性能を部材係数で除した値，および要求性能に応じて設定される照査の限界値.

設計断面耐力：材料の設計強度を用いて算定した断面耐力を部材係数で除した値で，断面力を照査指標とした設計限界値.

線形解析：材料の応力－ひずみ関係を線形と仮定し，変形による二次的効果を無視する弾性一次理論による解析方法.

非線形解析：材料の応力－ひずみ関係，部材あるいは構造物の力と変位の関係を非線形とする解析方法.

作　用：構造物または部材に，応力や変形の増減，材料特性に経時変化をもたらすすべてのはたらき．荷重.

作用の特性値：構造物の施工中または設計耐用期間中のばらつき，検討すべき限界状態および作用の組み合わせを考慮したうえで設定される作用の値.

作用の規格値：作用の特性値とは別に，ほかの示方書または規定により定められた作用の値.

作用の公称値：作用の特性値とは別に，関連示方書類には定められていないが，慣用的に用いられている作用の値.

材料物性の特性値：定められた試験法による材料物性の試験値のばらつきを想定したうえで，試験値がそれを下回る確率がある一定の値となることが保証される値.

材料物性の規格値：材料物性の特性値とは別に，ほかの示方書または規定により定められた材料物性の値.

設計基準強度：設計において基準とする強度で，コンクリートの圧縮強度の特性値をとる.

▌**1.3**　コンクリート構造の設計法

▌**1.3.1**　設計の目的

　コンクリート構造物は，重要な社会基盤を構成し，一般に大規模なものが多く，しかも供用期間が長いことが特徴である．したがって，設計において，耐久性，安全性，使用性，復旧性，環境性および経済性などが，重要な考慮すべき事項である．さらに，これらの条件をバランスよく満足させることが設計の基本である．

　コンクリート構造物は，いったん建造されると，そのあとに補修，補強や改造することがむずかしい場合がある．そのため，とくに耐久的な構造物を実現するためには，設計の詳細，材料の選定および施工方法について，設計の段階において総合的に検討する必要がある．したがって，事前に詳細な調査を行い，供用期間中に起こりうる事象を的確に予測しておくことが求められる．さらに，維持管理の容易さも考慮して，各種作用条件や環境作用のもとで，有害なひび割れや変形，著しい損傷が生じることがないように設計しなければならない．また，配筋作業や締固め作業などの，コンクリート構造物に特有の施工条件を考慮した設計を行うことも重要である．

▌**1.3.2**　代表的な設計法

　コンクリート構造物の代表的な設計法としては，許容応力度設計法および限界状態設計法がある．これらの設計法は，作用の決め方，構造解析や断面解析上の仮定，安全性と使用性のいずれを重視するか，さらに安全率の評価方法などが異なる．

（1）許容応力度設計法

　許容応力度設計法は，安全率の対象を材料強度にとって，使用性に重点をおいた設計法である．この方法では，鉄筋とコンクリートをともに弾性体と仮定し，コンクリートの引張抵抗を無視して計算した各材料に作用する応力度を，それぞれの許容応力度以下に抑えるよう設計する．許容応力度以下の範囲であれば，両材料は弾性領域とみなすことができるので，この方法を弾性設計法ともよぶことができる．許容応力度設計法の照査方法を図 1.3 に示す．

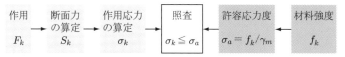

F_k, S_k, σ_k, f_k：特性値，σ_a：許容応力度，γ_m：安全率

図 1.3　許容応力度設計法の照査方法

　この設計法の特徴を列記すると，つぎのとおりである.

　a）許容応力度設計法は，過去数十年間用いられてきたという歴史的事実があり，補足条項を組み合わせることにより，通常の場合，その時代に期待された機能をほぼ満足する構造物をつくることができた.

　b）この設計方法でつくられた構造物は，今日まで数かぎりなくあり，設計方法とつくられた構造物の性能との対応について，非常に多くのデータが蓄積されている.これらのデータは，新しい形式の設計基準をつくる際の基礎とすることができる.

　c）この設計方法は，部材断面の応力状態が比較的高い段階を検証状態としているため，部材の使用中の性状と破壊に対する安全性とを，実用上の精度で同時に照査できると考えられてきた.

　また，許容応力度設計法には，つぎのような問題点がある.

　a）許容応力度は，材料の設計基準強度を安全率で割って求められるが，材料強度のばらつき，作用の種類の相違や変動，構造解析および応力度算定の誤差，施工誤差，構造物の社会基盤施設としての重要度など，設計施工に関する多くの不確実性を，一つの安全率の値を補正することによって取り扱うことになり，不合理が生じる.

　b）実際のコンクリートは弾性体でなく，またひび割れの発生によって連続性を失うために，コンクリート構造物は複雑な応答を示すが，この応答を部材断面のある一段階の応力状態から判断するのは困難である.

（2）限界状態設計法

　限界状態設計法は，構造物が破壊や崩壊をしたり，快適に使用できなくなったりする限界状態を設定し，それに対する安全を照査するものである.

　その特徴は，構造物の安全に影響するそれぞれの要因に，個別の安全係数を設定していることである.たとえば，構造物を崩壊に導く作用と，構造物を守る材料強度に異なる安全係数を設定し，作用は割り増しした値，材料強度は割り引いた値とし，さらに構造物の重要度などを考慮したうえで，両者を比較して安全を確認する.

　安全係数は，材料強度，作用，構造解析，部材，構造物などに関して設けており，やや煩雑ではあるが合理的な方法である.ただし，各種の安全係数の値は，現在のところ経験的事実に基づいて決定論的に定められたものが多く，半確率論的な方法である.

　限界状態設計法の照査方法の一例を図1.4に示す.

$F_k,\ f_k$：特性値，$F_d,\ S_d,\ R_d,\ f_d$：設計用値，$\gamma_a,\ \gamma_b,\ \gamma_f,\ \gamma_i,\ \gamma_m$：安全係数

図1.4　限界状態設計法の照査方法

（3）設計法の現状

　以上，二つの設計法について述べたが，欧米諸国をはじめ世界の主流は限界状態設計法である．わが国の土木学会でも，1986年にはじめて限界状態設計法を基本とした設計基準が採用され，その後，数回の検討が重ねられて現在に至っている．

　なお，わが国の道路橋示方書では，部材断面の設計には許容応力度設計法を適用し，設計された断面の安全性については，限界状態設計法によって照査する併用法が採用されている．

　本書では，示方書設計編で採用されている限界状態設計法に基づいて記述する．

1.4 限界状態設計法

　現行のコンクリート標準示方書では，限界状態設計法に基づき，構造物の設計・施工・維持管理手法が規定されている．2017年の示方書改訂では，"考える設計"をキーワードに，構造物の建設地点での環境を考慮し，設計耐用期間中の構造物の挙動，将来の環境や機能の変化を推測したうえで，要求性能を保持するための設計の重要性が再確認された．このため，今後の構造物の設計では，性能照査で想定できない事象に対しても配慮し，設計値を上回る作用に対しても構造物が壊滅的な状態とならないようにすることが求められることになる．

1.4.1 設計の基本

　設計では，まず構造物に対して要求性能（安全性や耐久性など，1.4.2項参照）を設定する．その要求性能を満たすように構造計画，構造詳細の設定を行い，設計耐用期間を通じて要求性能が満足されていることを照査する．構造計画では，要求性能を満たすように，構造物特性，構造物の使用材料，施工方法，維持管理手法，環境および景観，経済性など，すべての要因を考慮して構造形式を設定する．構造詳細の設定では，構造計画で設定された構造形式に対して，示方書設計編の構造細目などに従って，形状，寸法，使用材料，配筋などの構造詳細を設定する．

　構造物の設計の流れを示すと，図1.5のようになる．なお，可能なかぎり，要求性能の照査結果によって，構造形式の変更などが生じないように構造計画を行うことが重要である．

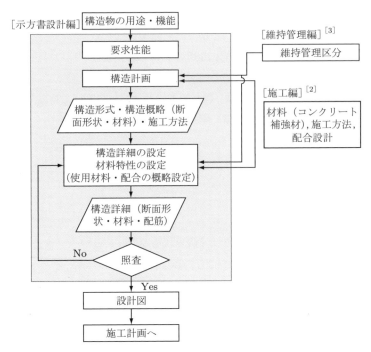

図 1.5　構造物の設計の流れ
(土木学会コンクリート標準示方書，設計編，2017)

1.4.2　要求性能と限界状態

　コンクリート構造物の設計では，構造物に求められる要求性能を設定し，それぞれの要求性能に応じた限界状態を設定したうえで，設計耐用期間中を通じて構造物がその限界状態に至らないことを確認しなければならない．示方書設計編では，要求性能として，耐久性，安全性，使用性，復旧性，および環境性を設定している．以下に，各種要求性能とその内容，また，要求性能に対応する限界状態について説明する．

（1）耐久性

　耐久性とは，想定される環境作用のもとで，構造物中の材料劣化により生じる機能の経時的な低下に対して構造物が有する抵抗性をいう．耐久性は，設計耐用期間にわたり，安全性，使用性，復旧性の要求性能を満足するように設定しなければならない．

（2）安全性

　安全性とは，想定されるすべての作用のもとで，構造物が使用者や周辺の人の生命や財産を脅かさないための性能をいう．安全性には，構造物の構造体としての安全性と機能上の安全性があり，両者に対する安全性を設定しなければならない．安全性に対する限界状態と，その照査指標の例を表 1.2 に示す．

表 1.2　安全性に対する限界状態と照査指標の例

限界状態	内　容	照査指標
断面破壊	すべての作用に対して，構造物が耐荷能力を保持することができなくなる状態	力
疲労破壊	すべての変動作用の繰り返しに対して，構造物が耐荷能力を保持することができなくなる状態	応力度・力
構造物の安定	すべての作用に対して，構造物が変位，変形，メカニズムや基礎構造物の変形などにより不安定となる状態	変形・基礎構造による変形

(3) 使用性

使用性とは，通常の使用時に想定される作用のもとで，構造物の使用者や周辺の人が快適に構造物を使用するための性能，および構造物に要求される諸機能に対する性能をいう．使用性に対する限界状態と，その照査指標の例を表 1.3 に示す．

表 1.3　使用性に対する限界状態と照査指標の例

限界状態	内　容	照査指標
外　観	コンクリートのひび割れ，表面の汚れなどが，不安感や不快感を与え，構造物の使用を妨げる状態	ひび割れ幅，応力度
騒音・振動	構造物から生じる騒音や振動が周辺環境に悪影響をおよぼし，構造物の使用を妨げる状態	騒音・振動レベル
走行性・歩行性	車両や歩行者が快適に走行および歩行できなくなる状態	変位・変形
水密性	水密機能を要する構造物が，漏水，透水，透湿により機能を損なう状態	構造体の透水量，ひび割れ幅
損　傷（機能の維持）	構造物に変動作用，環境作用などの原因による損傷が生じ，そのまま使用することが不適当になる状態	力・変形など

(4) 復旧性

復旧性とは，地震の影響などの偶発作用により低下した構造物の性能を回復させ，継続的な使用を可能にする性能をいう．復旧性には，構造物の損傷に対する修復の容易さを示す修復性に関して，物理的特性に基づく限界状態を設定する．

(5) 環境性

構造物の計画，設計，施工，維持管理の各段階において，環境性について配慮しなければならない．配慮すべき環境は，地球環境，地域環境，作業環境，および景観である．

1.4.3　各種安全係数

実際の構造物は，想定より大きな作用がかかったり，材料の品質にばらつきがあったりして，想定より弱くなるかもしれない．このような不確実な状況があることを考慮して，設計の安全性を確保するために，照査の過程で修正係数と安全係数が用いられる．

(1) 材料強度と作用の特性値および修正係数

鉄筋コンクリート構造物は，コンクリートと鋼材とで構成されている．鋼材は，一般に管理の行き届いた工場で生産され，品質も安定しているので，強度のばらつきはほとんどないものとみなすことができる．一方，コンクリートの圧縮強度は，配合，打込み，締固め，養生条件，材齢，さらには供試体のサイズや載荷方法によっても変化する．このように，コンクリート強度は変動する要因が多く介在するので，特性値は統計的に設定する必要がある．

限界状態設計法において，材料強度の特性値 f_k は，大部分の供試体の試験値がこれを下回らないことが保証されている値と定められている．

一方，作用の特性値 F_k は，対象となるコンクリート構造物の設計耐用期間中に生じる作用が，この値を上回ることや下回る（小さいほうが危険な場合）ことがほとんどないと考えられる値である．したがって，特性値は，作用の種類（死荷重，活荷重，地震作用，風荷重，雪荷重，温度の影響など）や施工方法，それにともなう技術などによって変動するため，統計的な手法により検討することが好ましい．しかし，現在のところ，作用に関する資料が必ずしも十分ではないことから，各機関（たとえば，「示方書」）が定めた期待値を特性値として用いる．

示方書設計編では，作用の特性値は，検討すべき要求性能によって異なるので，つぎのように定めている．

a) 安全性に関する照査に用いる永続作用，主たる変動作用および偶発作用の特性値は，構造物の施工中および設計耐用期間中に生じる最大値の期待値とする．ただし，小さいほうが不利となる場合には最小値の期待値とする．また，従たる変動作用の特性値は，主たる変動作用および偶発作用との組み合わせに応じて定める．なお，疲労の照査に用いる作用の特性値は，構造物の設計耐用期間中の作用の変動を考慮して定める．

b) 使用性に関する照査に用いる作用の特性値は，構造物の施工中および設計耐用期間中に比較的しばしば生じる大きさのもの† とし，検討すべき要求性能に対する限界状態および作用の組み合わせに応じて定める．

---

† 「比較的しばしば生じる大きさ」の作用とは，その作用の大きさでは，ひび割れ，変形などの限界状態に達しないこととする値である．

c）復旧性に関する照査に用いる作用の特性値は，構造物の設計耐用期間中に生じる最大値の期待値を上限として，設定された復旧性に応じた値とする.

d）耐久性に関する照査に用いる作用の特性値は，構造物の施工中および設計耐用期間中に比較的しばしば生じる大きさのものとする.

なお，材料強度および作用が，規格値あるいは公称値で与えられている場合がある. これらの値は，材料修正係数 ρ_m および作用修正係数 ρ_f を乗じることで，特性値に変換することができる.

（2）安全係数と設計値

安全係数には，材料係数 γ_m，部材係数 γ_b，作用係数 γ_f，構造解析係数 γ_a および構造物係数 γ_i がある. 表 1.4 に各種安全係数，表 1.5 に標準的な安全係数の値をそれぞれ示す.

たとえば，設計強度は，材料強度の特性値を材料係数で除して求められる.

$$設計強度\ f_d = \frac{材料強度の特性値\ f_k}{材料係数\ \gamma_m}$$

設計作用は，作用の特性値に作用係数を乗じて求められる.

$$設計作用\ F_d = 作用の特性値\ F_k \times 作用係数\ \gamma_f$$

断面破壊を対象とする限界状態による安全性の照査においては，作用の特性値から設計応答値を求める過程で γ_f と γ_a の二つの安全係数を，また，材料強度から設計限界値を求める過程で γ_m と γ_b の二つの安全係数を用い，さらに設計応答値と設計限界

表 1.4　各種安全係数と内容

安全係数	内　容
材料係数 γ_m	材料強度の特性値 f_k から望ましくない方向への変動，供試体と構造物中との材料特性の差異，材料特性が限界状態におよぼす影響，材料特性の経時変化などを考慮して定める.
部材係数 γ_b	部材耐力の計算方法の不確実性，部材寸法のばらつきの影響，部材の重要度，すなわち対象とする部材がある限界状態に達したときに，構造物全体に与える影響などを考慮して定める. 部材係数 γ_b は，限界値の算定式に対応して定める.
作用係数 γ_f	作用の特性値 F_k からの望ましくない方向への変動，作用の算定方法の不確実性，設計耐用期間中の作用の変化，作用特性が限界状態におよぼす影響などを考慮して定める.
構造解析係数 γ_a	応答値算定時の構造解析の不確実性などを考慮して定める. 構造解析係数 γ_a は，一般に 1.0 としてよい.
構造物係数 γ_i	構造物の重要度，限界状態に達したときの社会的，経済的影響などを考慮して定める. 構造物係数 γ_i は，一般に 1.0〜1.2 としてよい.

表 1.5　標準的な安全係数の値（線形解析を用いる場合）

要求性能(限界状態) ＼ 安全係数	材料係数 γ_m		部材係数 γ_b	作用係数 γ_f	構造解析係数 γ_a	構造物係数 γ_i
	コンクリート γ_c	鋼材 γ_s				
安全性（断面破壊）	1.3	1.0 または 1.05	1.1〜1.3	1.0〜1.2	1.0	1.0〜1.2
安全性（疲労破壊）	1.3	1.05	1.0〜1.3	1.0	1.0	1.0〜1.1
使用性	1.0	1.0	1.0	1.0	1.0	1.0

（土木学会コンクリート標準示方書，設計編，2017）

値を比較する段階で安全係数 γ_i を用いる．これらの安全係数は，その数値はともかく，概念的にはほかの限界状態に対しても適用できる．

　なお，非線形解析法を用いて性能照査を行う場合は，解析法に用いる照査指標に応じて，上記の安全係数の主旨を考慮して適切に設定しなければならない．また，復旧性に関する照査に用いる安全係数は，照査方法に応じて，上記の安全係数の主旨を考慮して適切に設定しなければならない．

1.4.4　性能照査の原則

　性能照査とは，構造物が要求性能を満たしているか否かを適切な方法で確認する作業であり，性能照査の原則はつぎのとおりである．

(1) 一　般

　a）構造物の性能照査は，要求性能に応じた限界状態を，施工中および設計耐用期間中の構造物あるいは部材ごとに設定し，設計で仮定した形状，寸法，配筋などの構造詳細を有する構造物あるいは構造部材が限界状態に至らないことを確認することで行う．その際，照査は限界状態に対応して適切な照査指標を定めて，その限界値と応答値を比較して行う．

　b）限界状態は，一般に耐久性，安全性，使用性および復旧性に対して設定する．また，構造物の地震時の安全性と地震後の使用性や復旧性を総合的に考慮する場合にも，それに対応する適切な限界状態を設定する．

　c）耐久性に関する照査および初期ひび割れに対する照査を満足する場合は，構造物の性能におよぼす環境作用による経時変化の影響を無視して，安全性，使用性および復旧性を照査してよい．

(2) 前　提

　上記（1）項で述べた標準的な性能照査は，構造物と材料の力学理論に基づいたものであり，その多くはコンクリートと鉄筋の一体性や局所的な応力状態などに仮定を設けており，これらの仮定が成り立たない条件下では，照査方法の精度と適用範囲は低

下することになる．そのため，性能照査は，示方書設計編の照査方法の前提条件となる構造細目やそのほかの構造細目，示方書施工編[2] の標準的な施工方法とコンクリートの標準的な施工性能，示方書維持管理編[3] に設定されている維持管理を満足しなければならない．

（3）方　法

照査は，一般に，材料強度および作用の特性値を設定し，安全係数を用いて設計応答値と設計限界値を算定したうえで，各種の要求性能ごとに定められている照査方法に基づいて行う．照査は，一般に，式 (1.1) により行う．

$$\gamma_i \cdot \frac{S_d}{R_d} \leqq 1.0 \qquad (1.1)$$

ここに，γ_i：構造物係数，S_d：設計応答値，R_d：設計限界値である．

█ 1.4.5　性能照査

照査は，検討すべきすべての要求性能に対して行う．ここでは一例として，線形解析における安全性に関する照査のうち，断面破壊の限界状態に対する照査について説明する．非線形解析については示方書設計編を参照されたい．

（1）安全性に関する照査

安全性に関する照査では，一般に，検討の対象となる限界状態は断面破壊である．図 1.6 に，線形解析における断面破壊の限界状態に対する照査手順を示す．

同図に従って説明すると，まず構造物に対して，種々の作用の特性値 F_k に作用係数 γ_f を乗じて設計作用 F_d を設定する．

$$F_d = \gamma_f F_k \qquad (1.2)$$

つぎに，設計作用が生じたときの断面力 $S(F_d)$ を構造解析によって求め，その値に

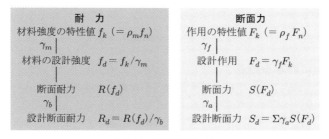

図 1.6　断面破壊の限界状態に対する照査手順（線形解析の場合）
（土木学会コンクリート標準示方書，設計編，2017）

構造解析係数 γ_a を乗じたものが設計断面力 S_d である.

$$S_d = \sum \gamma_a S(F_d) \tag{1.3}$$

一方,材料強度の特性値 f_k を材料係数 γ_m で除した値が,材料の設計強度 f_d である.

$$f_d = \frac{f_k}{\gamma_m} \tag{1.4}$$

これを用いて算定された断面耐力 $R(f_d)$ を,部材係数 γ_b で除したものが設計断面耐力 R_d である.

$$R_d = \frac{R(f_d)}{\gamma_b} \tag{1.5}$$

そして,式 (1.1) に示すように,設計断面力 S_d と設計断面耐力 R_d との比 S_d/R_d に構造物係数 γ_i を乗じた値が 1.0 以下 $(\gamma_i S_d/R_d \leqq 1.0)$ であれば,構造物の安全が照査されたことになる.

(2) 耐久性,使用性,復旧性などに関する照査

式 (1.1) の R_d,S_d は,照査指標の次元が同じであれば,照査の対象によって適宜選ぶことができ,耐久性,使用性,復旧性あるいは上記(1)項で示した以外の安全性に対しても同じ型式で照査することができる.

▎ 1.4.6　設計計算の精度

設計計算は,最終段階で有効数字 2 桁が得られるよう行う.これらの値が 2 桁の有効数字を得るためには,計算に用いる応答値,限界値,または応力度,強度などのそれぞれの値には,一般に 3 桁の有効数字が必要である.

▎ **1.5**　剛体安定に対する安全性の照査

擁壁,フーチングなどの接地構造物の設計では,剛体安定に対する安全性の照査は,転倒,鉛直支持および水平支持の各限界状態に対して行う.

▎ 1.5.1　転倒に対する照査

転倒に対する照査は,次式が満足されることを確かめることによって行う.

$$\gamma_i \cdot \frac{M_{sd}}{M_{rd}} \leqq 1.0 \tag{1.6}$$

ここに,γ_i:構造物係数,M_{sd}:転倒に対する構造物底面端部における設計転倒モーメント $(= \gamma_f \cdot M_s)$,M_s:構造物底面端部における設計転倒モーメント,γ_f:作用係数,M_{rd}:転倒に対する構造物底面端部における設計抵抗モーメント $(= M_r/\gamma_0)$,M_r:

作用の公称値を用いて求めた抵抗モーメント，γ_0：転倒に関する安全係数（作用の公称値の望ましくない方向への変動，作用の算定方法の不確実性，地盤の変形などによる抵抗モーメント算出上の不確実性などを考慮して定める）である．

1.5.2　鉛直支持に対する照査

鉛直支持に対する照査は，次式が満足されることを確かめることにより行う．

$$\gamma_i \cdot \frac{V_{sd}}{V_{rd}} \leqq 1.0 \tag{1.7}$$

ここに，V_{sd}：地盤または杭の設計反力 $(= \gamma_f \cdot V_s)$，V_s：作用の公称値による反力，V_{rd}：地盤または杭の設計鉛直支持力 $(= V_r/\gamma_v)$，V_r：地盤または杭の鉛直支持力，γ_v：鉛直支持に関する安全係数（鉛直支持力の特性値から望ましくない方向への変動などを考慮して定める）である．

1.5.3　水平支持に対する照査

水平支持に対する照査は，次式が満足されることを確かめることにより行う．

$$\gamma_i \cdot \frac{H_{sd}}{H_{rd}} \leqq 1.0 \tag{1.8}$$

ここに，H_{sd}：設計水平力 $(= \gamma_f \cdot H_s)$，H_s：作用の公称値における水平力，H_{rd}：水平支持に対する設計抵抗力 $(= H_r/\gamma_h)$，H_r：構造物の底面と基礎地盤との間の摩擦力および粘着力，あるいは杭の水平抵抗，構造物前面の受働土圧より求めた水平支持力（水平支持力を求める場合の作用は公称値を用いる），γ_h：水平支持に関する安全係数（水平支持力の特性値からの望ましくない方向への変動などを考慮して定める）である．

なお，式 (1.6)〜(1.8) 中の剛体安定の照査に用いられる安全係数 γ_0，γ_v，γ_h の標準的な値は，示方書設計編には示されていない．

1.6　コンクリート構造の設計に対する考え方

1.6.1　鉄筋コンクリート構造

鉄筋コンクリートは，鉄筋とコンクリートという，強度も応力–ひずみ関係も非常に異なる二つの材料から構成された複合材料である．このため，部材断面の応力や強度の算定法は，鋼構造のような均一の材料からなるものとはかなり異なる．鉄筋コンクリートの場合には，鉄筋とコンクリートの付着が完全に確保され，両者が一体となって外力に抵抗するという前提条件が極力崩れないように配慮することが，きわめて大切である．

　鉄筋コンクリートで曲げを受ける部材では，鉄筋の高強度を有効に利用するため，通常の使用時に生じる設計作用のもとでも，引張部分のコンクリートにひび割れを生じた断面を想定し，コンクリートの引張抵抗を無視し，引張力はすべて鉄筋によって抵抗させるということを設計の基本としている．しかし，過大なひび割れは鉄筋の腐食による耐荷力や耐久性の低下，また水密性や防水性の低下など，構造物の安全性や機能性に悪影響をおよぼす可能性があり，美観を損なう原因ともなるため，構造物の種類，使用目的や環境条件に応じて，そのひび割れ幅を制御することが重要となる．

　また，通常の使用時の作用が生じたときと，破壊時の大きな作用が生じたときとでは，鉄筋やコンクリートに発生する応力レベルが著しく異なる．したがって，構造物の破壊に対する安全性を確保するためには，鉄筋とコンクリートの塑性域の応力−ひずみ関係を考慮しなければならない．

1.6.2　プレストレストコンクリート構造

　プレストレストコンクリート構造は，与えるプレストレスの大きさを変化させることによって，つぎの三つのタイプの構造をつくることができる．

　すなわち，設計作用を受けた状態で，

① 断面にまったく引張応力が生じないもの
② 引張応力は生じるが，ひび割れが発生しないもの
③ ひび割れは発生するが，ひび割れ幅が限界値以下に制御されたもの

である．

　示方書設計編では，前二者①と②を **PC 構造**（使用性に関する照査において，ひび割れの発生を許さない構造），後者③を **PRC 構造**（PRC: Prestressed Reinforced Concrete. 使用性に関する照査において，ひび割れの発生を許容する構造）と大別している．

　以上のうち，どのタイプを選択するべきかは構造物の種類・使用目的によって異なり，たとえば，使用状態でひび割れを発生させないことが機能上とくに重要なタンクや原子炉用容器などの構造物では，①タイプが用いられる．橋梁や一般の構造物は，ひび割れ条件によって，②や③のタイプの構造が選ばれる．

　構造設計に際しては，通常の使用時では，PC 構造はコンクリートの全断面を有効として応力や変形の計算が行える．しかし，PRC 構造では，鉄筋コンクリート構造の場合と同様に，コンクリートの引張抵抗を無視して計算を行う．ただし，断面破壊の限界状態では，PC 構造もひび割れが発生しているので，安全性の照査は PRC 構造および RC 構造と基本的には同じである．

━━ **演習問題** ━━━━━━━━━━━━━━━━━━━━━━━━━━━━━━━━━━━━━━━

1.1　コンクリートと鋼材からできているコンクリート構造の成立要件を三つ挙げよ.

1.2　限界状態設計法の主要な要求性能を五つ挙げて，それぞれを説明せよ.

1.3　限界状態設計法の安全係数の必要性について述べよ.

1.4　材料強度の特性値について説明せよ.

1.5　作用の特性値について説明せよ.

1.6　設計強度について説明せよ.

1.7　設計作用について説明せよ.

1.8　安全係数を五つ挙げて，それぞれを説明せよ．ただし，剛体安定の照査に用いられる安全係数は除く.

1.9　剛体安定に対する安全性の照査事項を三つ挙げよ.

第2章

材 料

　鉄筋コンクリート構造は，コンクリートと鉄筋（鋼材）を組み合わせた複合構造である．外力を受ける鉄筋コンクリート部材の強度や変形量は，構成している材料の性質に基づいて決まってくる．ここでは，鉄筋コンクリート構造に用いる素材としてのコンクリートおよび鉄筋の種類および力学的性質について学ぶ．

2.1 コンクリート

2.1.1 強 度

　コンクリート構造物を設計する際に必要となるコンクリートの強度は，圧縮強度，曲げ強度，引張強度，鉄筋との付着強度などである．設計において基準とする強度は，**設計基準強度** f'_{ck} とよばれ，コンクリートの圧縮強度の特性値が用いられる．この強度は，原則として標準供試体の材齢28日における強度試験値に，材料のばらつきを考慮して求めた保証値を指している．

　ここで，材料強度のばらつきについて考える．材料強度は，同一条件のもとにおいても"ばらつき"が生じる．一般に，材料強度の試験結果は，その頻度で表すと図2.1に示すようになり，平均値に対し，左右対称なばらつきの分布，すなわち，正規分布に従うことが認められている．そこで，構造設計に用いる材料強度の値，すなわち材料強度の特性値は，このような試験値の変動を想定し，平均値よりも小さい値が設定され，正規分布の理論を適用すると，次式で表される．

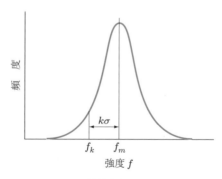

図 2.1　材料強度の試験結果

$$f_k = f_m - k\sigma = f_m(1 - k\delta) \tag{2.1}$$

ここに，f_k：材料強度の特性値 [N/mm²]，f_m：平均値 [N/mm²]，σ：標準偏差 [N/mm²]，δ：変動係数 $(= \sigma/f_m)$，k：正規分布の連続密度関数を積分して得られる係数である．

断面耐力の計算に使用する材料の設計強度 f_d は，次式に示すように，材料強度の特性値 f_k を材料係数 γ_m で除した値が用いられる．

$$f_d = \frac{f_k}{\gamma_m} \tag{2.2}$$

ここに，f_d：材料の設計強度 [N/mm²]，γ_m：材料係数 $(\geqq 1.0)$ である．

コンクリートの場合，材料強度の特性値として設計基準強度 f'_{ck} を，材料強度の平均値としてコンクリートを製造する際の目標強度である配合強度 f'_{cr} をそれぞれ用いる．式 (2.1) を適用し，設計基準強度を下回る確率を 5% 以下（不良率 5% 以下）となるように定めると，配合強度 f'_{cr} と設計基準強度 f'_{ck} の関係は，次式によって求められる．

$$f'_{cr} = \frac{f'_{ck}}{1 - 1.64\delta} \tag{2.3}$$

ここに，f'_{cr}：コンクリートの配合強度 [N/mm²]，f'_{ck}：コンクリートの設計基準強度 [N/mm²] である．

設計に用いる圧縮強度，引張強度，付着強度，曲げひび割れ強度は，以下の式によって算定できる．なお，付着強度は，コンクリートと鉄筋間の付着抵抗の限界応力度を表している．また，曲げひび割れ強度は，曲げ部材の引張り縁にひび割れが発生するときの応力度を表している．材料係数 γ_c は，一般に，断面破壊に関する安全性の照査においては $\gamma_c = 1.3$，使用性に関する照査においては $\gamma_c = 1.0$ が採用される．

（1）設計圧縮強度 f'_{cd}

$$f'_{cd} = \frac{f'_{ck}}{\gamma_c} \tag{2.4}$$

ここに，f'_{ck}：コンクリートの圧縮強度の特性値（設計基準強度）[N/mm²]，γ_c：コンクリートの材料係数である．

（2）設計引張強度 f_{td}

$$f_{td} = \frac{f_{tk}}{\gamma_c} = \frac{0.23 f'_{ck}{}^{2/3}}{\gamma_c} \tag{2.5}$$

ここに，f_{tk}：コンクリートの引張強度の特性値 [N/mm²] である．

（3）異形鉄筋に対する設計付着強度 f_{bod}

後述する表 2.2 に示す JIS G 3112 の規定を満足する異形鉄筋，および引張降伏強度の特性値 f_{yk} が 685 N/mm² までの異形鉄筋については，次式によって設計付着強

度を求められる.

$$f_{bod} = \frac{f_{bok}}{\gamma_c} = \frac{0.28 f_{ck}'^{2/3}}{\gamma_c} \tag{2.6}$$

ここに, f_{bok}：コンクリートの付着強度の特性値 [N/mm²]（ただし, $f_{bok} \leqq 4.2\,\text{N/mm}^2$, 普通丸鋼の場合は異形鉄筋の 40% とし, 鉄筋端部に半円形フックを設ける）である.

（4）設計曲げひび割れ強度 f_{bcd}

$$f_{bcd} = \frac{f_{bck}}{\gamma_c} = \frac{k_{0b} k_{1b} f_{tk}}{\gamma_c} = \frac{0.23 k_{0b} k_{1b} f_{ck}'^{2/3}}{\gamma_c} \tag{2.7}$$

ここに,

$$k_{0b} = 1 + \frac{1}{0.85 + 4.5(h/l_{ch})} \tag{2.8}$$

$$l_{ch} = \frac{G_F \cdot E_c}{f_{tk}^2}, \quad G_F = 10 \cdot d_{\max}^{1/3} \cdot f_{ck}'^{1/3} \tag{2.9}$$

$$k_{1b} = \frac{0.55}{\sqrt[4]{h}} \qquad （ただし, \ k_{1b} \geqq 0.4） \tag{2.10}$$

である. ここに, k_{0b}：コンクリートの引張軟化特性に起因する引張強度と曲げ強度の関係を表す係数, k_{1b}：乾燥, 水和熱など, そのほかの原因によるひび割れ強度の低下を表す係数, h：部材の高さ [m] (> 0.2), l_{ch}：特性長さ [m], G_F：破壊エネルギー [N/m], $d_{\max}$：粗骨材の最大寸法 [mm], E_c：ヤング係数 [N/mm²], $\gamma_c = 1.0$ とする.

2.1.2　応力 − ひずみ曲線およびヤング係数・ポアソン比

　圧縮作用下のコンクリートの応力 − ひずみ関係は, 作用が小さい間は直線関係を示し弾性と考えてよいが, 作用が大きくなると曲線を示し塑性として取り扱われる. 断面破壊の限界状態に対する照査では, 二次曲線と直線を組み合わせてモデル化されたコンクリートの応力 − ひずみ曲線が用いられる（図 2.2 参照）.

　これを数式で表すと, 式 (2.11) および式 (2.12) のようになる.

$\varepsilon_c' \leqq 0.002$ のとき：

$$\sigma_c' = k_1 f_{cd}' \frac{\varepsilon_c'}{0.002} \left(2 - \frac{\varepsilon_c'}{0.002} \right) \tag{2.11}$$

$0.002 \leqq \varepsilon_c' \leqq \varepsilon_{cu}'$ のとき：

$$\sigma_c' = k_1 f_{cd}' \tag{2.12}$$

$$k_1 = 1 - 0.003 f_{ck}' \leqq 0.85 \tag{2.13}$$

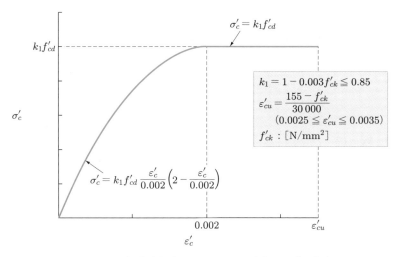

図 2.2　モデル化されたコンクリートの応力−ひずみ曲線
（土木学会コンクリート標準示方書，設計編，2017）

$$\varepsilon'_{cu} = \frac{155 - f'_{ck}}{30\,000} \qquad (0.0025 \leqq \varepsilon'_{cu} \leqq 0.0035) \qquad (2.14)$$

ここに，σ'_c：圧縮応力度 $[\mathrm{N/mm^2}]$，ε'_c：圧縮ひずみ，k_1：強度の低減係数 ($\leqq 0.85$)，
ε'_{cu}：終局圧縮ひずみである．

　構造物の使用性や疲労破壊に対する安全性の照査に用いるコンクリートの**ヤング係数** (Young's modulus) は，一般に，設計基準強度に対応してつぎの式によって求められる．

$$E_c = \left(2.2 + \frac{f'_{ck} - 18}{20}\right) \times 10^4 \qquad (f'_{ck} < 30\,\mathrm{N/mm^2}) \qquad (2.15)$$

$$E_c = \left(2.8 + \frac{f'_{ck} - 30}{33}\right) \times 10^4 \qquad (30 \leqq f'_{ck} < 40\,\mathrm{N/mm^2}) \qquad (2.16)$$

$$E_c = \left(3.1 + \frac{f'_{ck} - 40}{50}\right) \times 10^4 \qquad (40 \leqq f'_{ck} < 70\,\mathrm{N/mm^2}) \qquad (2.17)$$

$$E_c = \left(3.7 + \frac{f'_{ck} - 70}{100}\right) \times 10^4 \qquad (70 \leqq f'_{ck} < 80\,\mathrm{N/mm^2}) \qquad (2.18)$$

ここに，E_c：コンクリートのヤング係数 $[\mathrm{N/mm^2}]$，f'_{ck}：コンクリートの設計基準強度 $[\mathrm{N/mm^2}]$ である．

　式 (2.15)〜(2.18) から近似したヤング係数の値を表 2.1 に示す．

　縦ひずみに対する横ひずみの比を表す**ポアソン比** (Poisson's ratio) は，一般に，弾性範囲内において 0.2 とする．

表 2.1　コンクリートのヤング係数 E_c

f'_{ck} [N/mm²]		18	24	30	40	50	60	70	80
E_c [kN/mm²]	普通コンクリート	22	25	28	31	33	35	37	38
	軽量骨材コンクリート [1]	13	15	16	19	—	—	—	—

1) 骨材の全部を軽量骨材とした場合

(土木学会コンクリート標準示方書, 設計編, 2017)

▌2.1.3　収　縮

コンクリートの収縮 (shrinkage) は，乾燥によってコンクリート中の水分が外部に逸散する際に生じる乾燥収縮と，セメントの水和反応によりコンクリート中の水分が消費されることによって生じる自己収縮に分類される．

収縮の設計値は，コンクリートの収縮の特性値，構造物がおかれる環境の温度，相対湿度，部材断面の形状寸法，乾燥開始材齢などの影響を考慮して算定することを原則とする．

鉄筋コンクリートのひび割れ幅を求めるためにひび割れ間コンクリートの収縮を算定する場合，式 (2.19) によって部材中におけるコンクリートの収縮ひずみが求められる．

$$\varepsilon'_{sh}(t,t_0) = \frac{\{(1-RH/100)/(1-60/100)\}\cdot\varepsilon'_{sh,inf}\cdot(t-t_0)}{(d/100)^2\cdot\beta+(t-t_0)} \tag{2.19}$$

ここに，$\varepsilon'_{sh}(t,t_0)$：部材の収縮ひずみ，t, t_0：コンクリートの材齢および乾燥開始時材齢 [日]（$t_0 \geqq 3$ 日），RH：構造物がおかれる環境の平均相対湿度 [%]（$45\% \leqq RH \leqq 80\%$），d：有効部材厚 [mm]（全面が乾燥面の棒部材の場合，一辺の長さとしてよい．一般的な断面の場合，$d = 4V/S$ により算定してよい．V/S：体積表面積比 (mm) で，表面積には，外気に接する部分の表面積を用いる．図 2.3 参照），$\varepsilon'_{sh,inf}$：乾燥収縮ひずみの最終値，β：乾燥収縮ひずみの経時変化を表す係数である．

$\varepsilon'_{sh,inf}$ および β は，試験によらない場合，以下の式によって求められる．

$$\varepsilon'_{sh,inf} = \left(1+\frac{\beta}{182}\right)\cdot\varepsilon'_{sh} \tag{2.20}$$

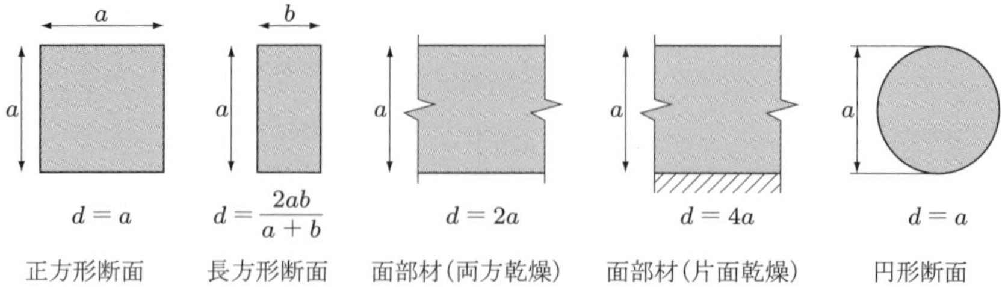

$d=a$	$d=\dfrac{2ab}{a+b}$	$d=2a$	$d=4a$	$d=a$
正方形断面	長方形断面	面部材（両方乾燥）	面部材（片面乾燥）	円形断面

図 2.3　種々の断面形状に対する有効部材厚 d のとり方

$$\beta = \frac{30}{\rho}\left(\frac{120}{-14+21\cdot C/W}\right) - 0.70 \tag{2.21}$$

ここに，ε'_{sh}：JIS A 1129 による収縮の試験値（JIS A 1129 は，$100\times100\times400\,\mathrm{mm}$ 供試体，水中養生 7 日後，温度 20℃，相対湿度 60% の環境下で 6 か月乾燥後の収縮ひずみを測定する試験），ρ：コンクリートの単位容積質量 $[\mathrm{g/cm^3}]$，C/W：セメント水比である．

　JIS に規定された試験による収縮の特性値は，実際に使用するコンクリートと同材料，同配合のコンクリートの試験値や実績をもとに定めることを原則としている．試験によらない場合は，式 (2.22) および式 (2.23) によって求められる収縮特性値を参考にし，設定してもよい．

$$\varepsilon'_{sh} = 2.4\Big(W + \frac{45}{-20+30\cdot C/W}\cdot\alpha\cdot\Delta\omega\Big)\times10^{-6} \tag{2.22}$$

$$\Delta\omega = \frac{\omega_S}{100+\omega_S}S + \frac{\omega_G}{100+\omega_G}G \tag{2.23}$$

ここに，ε'_{sh}：収縮の試験値の推定値，W：コンクリートの単位水量 $[\mathrm{kg/m^3}]$（$W\leqq 175\,\mathrm{kg/m^3}$），$C/W$：セメント水比，$\alpha$：骨材の品質の影響を表す係数（$\alpha=4\sim6$．標準的な骨材の場合には $\alpha=4$ としてよい），$\Delta\omega$：骨材中に含まれる水分量 $[\mathrm{kg/m^3}]$，ω_S および ω_G：細骨材および粗骨材の吸水率 [%]，S および G：単位細骨材量および単位粗骨材量 $[\mathrm{kg/m^3}]$ である．

例題 2.1　コンクリート打設から 1095 日（3 年）におけるコンクリートの収縮ひずみの設計値を求めよ．収縮の特性値は試験を実施せず推定値を用いよ．使用材料，配合，構造物の環境，寸法などの条件は以下のとおり．
細骨材の吸水率 $\omega_S=2.0\%$，粗骨材の吸水率 $\omega_G=1.0\%$，水セメント比 $W/C=50\%$，単位水量 $W=170\,\mathrm{kg/m^3}$，単位細骨材量 $S=600\,\mathrm{kg/m^3}$（標準的な骨材），単位粗骨材量 $G=1200\,\mathrm{kg/m^3}$（標準的な骨材），単位容積質量 $\rho=2.4\,\mathrm{g/cm^3}$，平均相対湿度 $RH=70\%$，有効部材厚 $d=800\,\mathrm{mm}$，乾燥開始時材齢 $t_0=6$ 日

解

　式 (2.19)〜(2.23) を用い，収縮ひずみ $\varepsilon'_{sh}(1\,095,6)$ を求める．

$$\Delta\omega = \frac{\omega_S}{100+\omega_S}S + \frac{\omega_G}{100+\omega_G}G$$
$$= \frac{2.0}{100+2.0}\times600 + \frac{1.0}{100+1.0}\times1\,200 = 23.6\,\mathrm{kg/m^3}$$

$$\varepsilon'_{sh} = 2.4\Big(W + \frac{45}{-20 + 30 \cdot C/W} \cdot \alpha \cdot \Delta\omega\Big) \times 10^{-6}$$

$$= 2.4 \times \Big(170 + \frac{45}{-20 + 30 \times 2.0} \times 4 \times 23.6\Big) \times 10^{-6} = 663 \times 10^{-6}$$

$$\beta = \frac{30}{\rho}\Big(\frac{120}{-14 + 21 \cdot C/W}\Big) - 0.70 = \frac{30}{2.4} \times \Big(\frac{120}{-14 + 21 \times 2.0}\Big) - 0.70$$

$$= 52.9$$

$$\varepsilon'_{sh,inf} = \Big(1 + \frac{\beta}{182}\Big) \cdot \varepsilon'_{sh} = \Big(1 + \frac{52.9}{182}\Big) \times 663 \times 10^{-6} = 856 \times 10^{-6}$$

$$\varepsilon'_{sh}(1\,095, 6) = \frac{\{(1 - RH/100)/(1 - 60/100)\} \cdot \varepsilon'_{sh,inf} \cdot (t - t_0)}{(d/100)^2 \cdot \beta + (t - t_0)}$$

$$= \frac{\{(1 - 70/100)/(1 - 60/100)\} \times 856 \times 10^{-6} \times (1\,095 - 6)}{(800/100)^2 \times 52.9 + (1\,095 - 6)}$$

$$= 156 \times 10^{-6}$$

2.1.4 クリープ

一定の持続作用下において，時間経過とともにコンクリートのひずみが増大する現象を**クリープ** (creep) とよぶ．コンクリートへの作用応力度が強度の 40% 以下である場合，クリープひずみは弾性ひずみに比例するので，次式によって表される．

$$\varepsilon'_{cc} = \phi\varepsilon'_{ce} = \frac{\phi\sigma'_{cp}}{E_{ct}} \tag{2.24}$$

ここに，ε'_{cc}：圧縮クリープひずみ，ϕ：クリープ係数，ε'_{ce}：弾性ひずみ，σ'_{cp}：作用する圧縮応力度 [N/mm^2]，E_{ct}：載荷時材齢のヤング係数 [N/mm^2] である．

クリープ係数は，構造物の周辺の湿度，部材断面の形状寸法，コンクリートの配合，載荷時の材齢などの影響を受ける．クリープ係数は，式 (2.25) および式 (2.26) によって算定することができる．

$$\phi(t, t') = \frac{4W(1 - RH/100) + 350}{12 + f'_c(t')} \cdot \log_e(t - t' + 1) \times 10^{-6} \cdot E_{ct} \tag{2.25}$$

$$f'_c(t') = \frac{1.11t'}{4.5 + 0.95t'}\Big(-20 + 30 \cdot \frac{C}{W}\Big) \tag{2.26}$$

ここに，$\phi(t, t')$：材齢 t' に初載荷を行ったコンクリートの材齢 t におけるクリープ係数，W：コンクリートの単位水量 [kg/m^3]，RH：相対湿度 [%] ($45\% \leqq RH$)，$f'_c(t')$：載荷時の有効材齢 t' [日] におけるコンクリートの圧縮強度 [N/mm^2]，t：載荷中の材齢 [日]，t'：初載荷を行った材齢 [日]，E_{ct}：載荷時の有効材齢 t' におけるコンクリートのヤング係数 [N/mm^2] である．

例題 2.2   材齢 $t = 1\,095$ 日におけるコンクリートのクリープ係数 $\phi(t, t')$ を求めよ.
なお,水セメント比 $W/C = 50\%$,単位水量 $W = 170\,\mathrm{kg/m^3}$,初載荷の材齢 $t' = 14$ 日,
平均相対湿度 $RH = 70\%$ とする.

解

式 (2.26) を用いて載荷時の材齢 t' におけるコンクリートの圧縮強度 $f'_c(14)$ を求める.

$$
\begin{aligned}
f'_c(14) &= \frac{1.11t'}{4.5 + 0.95t'}\left(-20 + 30 \cdot \frac{C}{W}\right) \\
&= \frac{1.11 \times 14}{4.5 + 0.95 \times 14}(-20 + 30 \times 2.0) = 34.9\,\mathrm{N/mm^2}
\end{aligned}
$$

式 (2.16) を用いてヤング係数 E_c を求める.

$$
\begin{aligned}
E_c &= \left(2.8 + \frac{f'_{ck} - 30}{33}\right) \times 10^4 = \left(2.8 + \frac{34.9 - 30}{33}\right) \times 10^4 \\
&= 2.95 \times 10^4\,\mathrm{N/mm^2}
\end{aligned}
$$

式 (2.25) を用いてクリープ係数 $\phi(1\,095, 14)$ を求める.

$$
\begin{aligned}
\phi(1\,095, 14) &= \frac{4W(1 - RH/100) + 350}{12 + f'_c(t')} \cdot \log_e(t - t' + 1) \times 10^{-6} \cdot E_{ct} \\
&= \frac{4 \times 170 \times (1 - 70/100) + 350}{12 + 34.9} \cdot \log_e(1\,095 - 14 + 1) \\
&\quad \times 10^{-6} \times 2.95 \times 10^4 \\
&= 2.43
\end{aligned}
$$

例題 2.3   高さ 2.5 m の鉄筋コンクリート柱に,材齢 $t = 14$ 日で軸方向に持続圧縮
応力度(一定応力度)$\sigma'_{cp} = 10\,\mathrm{N/mm^2}$ が作用するとき,最終変形量を求めよ.ただ
し,クリープ係数 $\phi = 1.4$,載荷時のヤング係数 $E_{ct} = 28\,\mathrm{kN/mm^2}$ である.また,乾
燥収縮は生じないものとする.

解

クリープひずみは,式 (2.24) によって求める.

$$
\begin{aligned}
\text{全ひずみ } \varepsilon' &= \text{弾性ひずみ } \varepsilon'_{ce} + \text{クリープひずみ } \varepsilon'_{cc} \\
&= \frac{\sigma'_{cp}}{E_{ct}} + \frac{\phi\sigma'_{cp}}{E_{ct}} = \frac{\sigma'_{cp}}{E_{ct}}(1 + \phi) \\
&= \frac{10}{28 \times 10^3}(1 + 1.4) = 857 \times 10^{-6}
\end{aligned}
$$

最終変形量 $\Delta h = h \times \varepsilon' = 2\,500 \times 857 \times 10^{-6} = 2.1\,\mathrm{mm}$

2.2　鉄　筋

2.2.1　種　類

鉄筋コンクリート構造に使用する鋼材は，**普通丸鋼** (round bar, JIS 記号 "SR")
と**異形鉄筋** (deformed bar, JIS 記号 "SD") がある．鉄筋 (reinforcing bar) の JIS 規
格を表 2.2 に示す．また，再生した鉄筋 (rerolled bar, JIS 記号は再生丸鋼 "SRR" と
再生異形鉄筋 "SDR") もある．異形鉄筋は，コンクリートとの付着性能を高めるため
に表面に突起を付けたものである．図 2.4 にその表面形状の一例を示す．JIS では，
SD 490 までは規格化されているが，高強度鉄筋を用いれば，鉄筋量を減らすことがで
き過密鉄筋が回避できる，部材断面寸法を縮小できる，寸法縮小にともない部材重量を
減らすことができるなど，多くのメリットがある．2017 年の示方書改訂では，SD 685

表 2.2　鉄筋の JIS 規格 （JIS G 3112）

区分	種類の記号	降伏点または0.2% 耐力 [N/mm²]	引張強さ [N/mm²]	伸び[1] [%]
丸鋼	SR 235	235 以上	380~520	20 以上
				22 以上
	SR 295	295 以上	440~600	18 以上
				19 以上
異形鉄筋	SD 295 A[2]	295 以上	440~600	16 以上
				17 以上
	SD 295 B[3]	295~390	440 以上	16 以上
				17 以上
	SD 345	345~440	490 以上	18 以上
				19 以上
	SD 390	390~510	560 以上	16 以上
				17 以上
	SD 490	490~625	620 以上	12 以上
				13 以上

1) 上段は 2 号試験片（呼び名 D 25 以下），下段は 14A
号試験片（呼び名 D 25 を超える）に対応する．異形
鉄筋で，呼び名 D 32 を超えるものについては，伸び
の緩和規定がある．
2) A は降伏点の上限値なし，引張強度の上限値あり．
3) B は降伏点の上限値あり，引張強度の上限値なし．
　 B は耐震設計上，有利である．

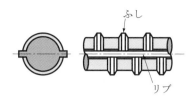

ふし

リブ

図 2.4 異形鉄筋の表面形状の一例

までの鉄筋単体および部材挙動の検討を行い，従来の評価式や新たな評価式の適用性が確認できた項目については，SD 685 まで利用可能となっている．なお，検討が不十分で適用性が確認されていない項目についても，別途検討することで利用可能とされている．市販されている鉄筋の標準寸法は，直径が 4〜51 mm（巻末の付表を参照），長さが 3.5〜12 m である．

　鉄筋の代わりに炭素繊維，アラミド繊維，ガラス繊維，ビニロン繊維などの連続繊維補強材を使用することもできる．

2.2.2 強 度

　鉄筋の引張降伏強度の特性値 f_{yk}，および引張強度の特性値 f_{uk} は，JIS 規格に適合するものであれば，一般に JIS 規格の下限値を設計に用いてよい．鉄筋の引張降伏強度は，引張強度の 65〜80% である．設計における鉄筋の断面積は，公称断面積が用いられる．鉄筋の圧縮降伏強度の特性値 f'_{yk} は，引張降伏強度の特性値 f_{yk} に等しいものとしてよい．

　鉄筋の設計強度は，強度の特性値を鋼材の材料係数 γ_s で除した値である．

（1）設計引張降伏強度 f_{yd}

$$f_{yd} = \frac{f_{yk}}{\gamma_s} \tag{2.27}$$

ここに，f_{yk}：鉄筋の引張降伏強度の特性値 [N/mm²]，γ_s：鉄筋の材料係数である．

（2）設計引張強度 f_{ud}

$$f_{ud} = \frac{f_{uk}}{\gamma_s} \tag{2.28}$$

ここに，f_{uk}：鉄筋の引張強度の特性値 [N/mm²] である．

　材料係数 γ_s は，線形解析を用いる場合，安全性（断面破壊）に対する照査においては 1.0 または 1.05 を用い，使用性に関する照査においては 1.0 を用いる．

2.2.3 　応力−ひずみ曲線および弾性定数

　鉄筋の応力−ひずみ曲線は，一般に，二つの直線を組み合わせてモデル化された図 2.5 に示す応力−ひずみ関係が用いられる．使用限界状態の検討では弾性体として取り扱われる．一般に，鉄筋のヤング係数 E_s は $200\,\mathrm{kN/mm^2}$，ポアソン比は 0.3 としてよい．

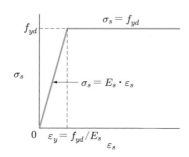

図 2.5 　モデル化された鉄筋の応力−ひずみ曲線
（土木学会コンクリート標準示方書，設計編，2017）

例題 2.4 　鉄筋コンクリート柱に軸方向圧縮ひずみ $\varepsilon' = 500 \times 10^{-6}$ が生じた．コンクリートおよび鉄筋の軸方向圧縮応力度を求めよ．コンクリートおよび鉄筋のヤング係数は，それぞれ $E_c = 28\,\mathrm{kN/mm^2}$ と $E_s = 200\,\mathrm{kN/mm^2}$ である．ただし，コンクリートにはクリープおよび乾燥収縮は生じないものとする．

解

　鉄筋コンクリート構造は，コンクリートと鉄筋が一体となって外力に抵抗するので，それらの軸方向ひずみは等しい．ゆえに $\varepsilon' = \varepsilon'_c = \varepsilon'_s$ が成立する．

　コンクリートの圧縮応力度 σ'_c

$$\sigma'_c = E_c \cdot \varepsilon'_c = 28 \times 10^3 \times 500 \times 10^{-6} = 14\,\mathrm{N/mm^2}$$

　鉄筋の圧縮応力度 σ'_s

$$\sigma'_s = E_s \cdot \varepsilon'_s = 200 \times 10^3 \times 500 \times 10^{-6} = 100\,\mathrm{N/mm^2}$$

なお，σ'_s と σ'_c の比 n を求めると，次式となる．

$$n = \frac{\sigma'_s}{\sigma'_c} = \frac{E_s \cdot \varepsilon'_s}{E_c \cdot \varepsilon'_c} = \frac{E_s}{E_c} = 7.1$$

演習問題

2.1 　コンクリートおよび鉄筋の応力−ひずみ関係の特質を述べよ．

2.2 　鉄筋の材料に関する記号を示せ．

2.3 　コンクリートの圧縮強度 $f'_{ck} = 18 \sim 80\,\mathrm{N/mm^2}$ における，鉄筋とコンクリートのヤング係数比 n を求めよ．

第**3**章

作用と構造解析

構造物が作用を受けると，構造的にどのような影響を受けるかを解析する必要がある．ここでは，作用の種類，構造解析法，断面力と断面耐力の関係について学ぶ．

3.1 作　用

構造物は，施工中および耐用期間中に生じる作用に対して安全でなければならない．設計にあたって考慮すべき作用は，表 3.1 に示すように，大別すると，**永続作用**

表 3.1　作用の種類

永続作用	その変動がきわめてまれか，平均値に比べて無視できる程度に小さく，持続的に生じる作用
	（例）死荷重・土圧・水圧・プレストレス力・コンクリートの収縮およびクリープなど
変動作用	変動が頻繁あるいは連続的に生じ，平均値に比べて変動が無視できない作用
	（例）活荷重・温度の影響・風荷重・雪荷重など
偶発作用	設計耐用期間中に作用する頻度はきわめて小さいが，発生するとその影響が非常に大きい作用
	（例）地震・津波・衝突荷重・強風・火災の影響など

表 3.2　設計作用の組み合わせと作用係数

要求性能	限界状態	考慮すべき組み合わせ	作用係数	
耐久性	すべての限界状態	永続作用 + 変動作用	すべての作用	1.0
安全性	断面破壊など	永続作用 + 主たる変動作用 + 従たる変動作用	永続作用	$1.0 \sim 1.2$ [1]
			主たる変動作用	$1.1 \sim 1.2$
			従たる変動作用	1.0
		永続作用 + 偶発作用 + 従たる変動作用	永続作用	$1.0 \sim 1.2$ [1]
			従たる変動作用	1.0
			偶発作用	1.0
	疲労	永続作用 + 変動作用	すべての作用	1.0
使用性	すべての限界状態	永続作用 + 変動作用	すべての作用	1.0
復旧性	すべての限界状態	永続作用 + 偶発作用 + 従たる変動作用	すべての作用	1.0

1）永続作用が小さいほうが不利となる場合には，永続作用に対する作用係数を 0.9〜1.0 とするのがよい．

（土木学会コンクリート標準示方書，設計編，2017）

(permanent load)，**変動作用** (variable load)，**偶発作用** (accidental load) に分けられる．

　設計作用は，作用のばらつき，作用の組み合わせ，および設計状態を考慮したうえで設定される作用の値に作用係数を乗じて求められ，各限界状態に対し，表 3.2 のような組み合わせと作用係数が示されている．

3.2　死荷重

　死荷重 (dead load) とは，時間的に変動しない固定された作用であり，一般に構造物やその付帯物の自重である．死荷重は，対象物の寸法と表 3.3 に示す材料の単位重量を用いて算出される．

表 3.3　材料の単位重量

材　料	単位重量 [kN/m³]	材　料	単位重量 [kN/m³]
鋼・鋳鋼・鍛鋼	77	コンクリート	22.5〜23.0
鋳　鉄	71	セメントモルタル	21.0
アルミニウム	27.5	木　材	8
鉄筋コンクリート	24.0〜24.5	瀝青材	11
プレストレストコンクリート	24.5	アスファルトコンクリート舗装	22.5

（土木学会コンクリート標準示方書，設計編，2017）

3.3　活荷重

　活荷重 (live load) とは，自動車や列車のように位置が移動する作用で，振動や衝撃も含まれる．道路橋の設計を規定した道路橋示方書[4] では，自動車荷重を，総重量 245 kN の大型車の走行頻度が高い状況を想定した B 活荷重と，その頻度が低い状況を想定した A 活荷重に区分している．床版を設計する場合は，車道部分に図 3.1 に示す T 荷重を載荷する．T 荷重は，橋軸方向には一組，橋軸直角方向には組数に制限がなく，部材にもっとも不利な応力度が生じるように載荷するものとする．

　主桁を設計する場合は，車道部分に図 3.2 および表 3.4 に示す 2 種類の等分布荷重 p_1，p_2 よりなる L 荷重を載荷し，p_1 は 1 橋につき一組とする．L 荷重は着目している点または部材にもっとも不利な応力が生じるように，橋の幅 5.5 m までは等分布荷重 p_1 および p_2（主載荷荷重）を，残りの部分にはそれらのおのおのの 1/2（従載荷荷重）を載荷するものとする．

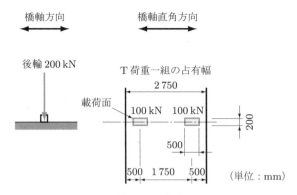

図 3.1　T 荷重

（日本道路協会：道路橋示方書・同解説，I 共通編，III コンクリート橋編，2012）[4]

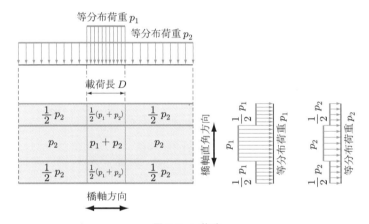

図 3.2　L 荷重

（日本道路協会：道路橋示方書・同解説，I 共通編，III コンクリート橋編，2012）[4]

表 3.4　L 荷重

荷　重	主載荷荷重（幅 5.5 m）						従載荷荷重
	等分布荷重 p_1			等分布荷重 p_2			
	載荷長 D [m]	荷　重 [kN/m²]		荷　重 [kN/m²]			
		曲げモーメントを算出する場合	せん断力を算出する場合	$L^{1)} \leqq 80$	$80 < L \leqq 130$	$L > 130$	
A 活荷重	6	10	12	3.5	$4.3 - 0.01L$	3.0	主載荷荷重の 50%
B 活荷重	10						

1）L：支間長 [m]　　（日本道路協会：道路橋示方書・同解説，I 共通編，III コンクリート橋編，2012）[4]

3.4 そのほかの作用

そのほかの作用としては，土圧，水圧，流体力，波力，風荷重，雪荷重，プレスト
レス力（第12章において詳述），コンクリートの収縮およびクリープによる影響，温
度の影響および温冷繰返しの影響，日射の影響，地震の影響（第9章において詳述），
湿度・水分の供給，各種物質の濃度，施工時荷重，火災の影響などがある．これらの
作用は，構造物や部材に直接作用する力（直接作用），構造物や部材の強制変位，構造
物中の材料の体積変化，構造物や部材に力を発生させる原因となるもの（間接作用），
温度，水分，物質など，構造物中の材料の変質変化の原因となるもの（環境作用）に
分類できる．各作用は図3.3のように区分されている．

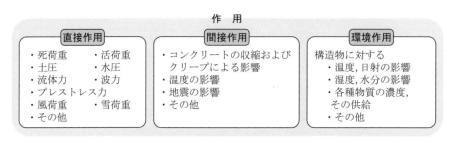

図 3.3　各作用の関係
（土木学会コンクリート標準示方書，設計編，2017）

3.5 構造解析法

構造物が作用を受けたとき，部材各部分の断面内に生じる曲げモーメント，せん断
力，軸方向力，ねじりモーメントなどを総称して**断面力** (member force) という．こ
の断面力を求める過程は，一般に**構造解析** (structural analysis) とよばれる．コンク
リート構造物は，その材料特性が複雑であること，地上の構造がその基礎と一体であ
ることなどにより，実構造そのものを忠実に解析することは不可能に近い．
　一般に，実構造物を力学のルールに従って，はり，スラブ，柱，ラーメン，アーチ，
シェル，およびこれらの組み合わせからなる単純化された構造モデルに置換し，構造
力学の知識を駆使して解析される．たとえば，図3.4 (a) に示すラーメン構造の道路
橋の場合，図3.4 (b) のように活荷重を線作用に置き換え，部材は厚さをもたない線
部材または面部材にモデル化して構造解析される．

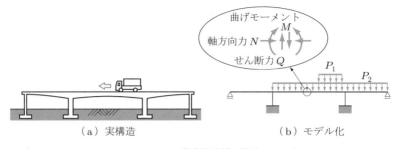

図 3.4　ラーメン構造道路橋の構造モデル化

（a）実構造　　　　　　　　　　（b）モデル化

3.6 断面力と断面耐力

　構造物への作用は，多様で大きな変動をともない，不確定要素が多い．このため限界状態設計法では，安全性を考慮し，構造設計に用いる設計作用は大きめに設定される．つぎに，設計作用による断面力を構造解析によって計算し，これに解析手法の不確かさを考慮した構造解析係数を乗じて，設計断面力を算出する．

　一方，断面の最大耐荷能力を表す断面耐力は，使用材料の設計強度および断面の大きさと鉄筋量によって求められる．この断面耐力を部材寸法のばらつきや算定式の精度を考慮した部材係数で除して，設計断面耐力を算出する．

　断面破壊の限界状態では，最終的に構造物の重要度を考慮した構造物係数を導入し，つぎの不等式を満足するかにより，その安全を確認する．

$$\gamma_i \cdot \frac{S_d}{R_d} \leqq 1.0 \tag{3.1}$$

$$\gamma_i \gamma_m \gamma_b \gamma_f \gamma_a \frac{S(F_d)}{R(f_d)} \leqq 1.0 \tag{3.2}$$

ここに，S_d：設計断面力，R_d：設計断面耐力，$S(F_d)$：設計作用 F_d による断面力，$R(f_d)$：設計強度 f_d による断面耐力，γ_i：構造物係数 $(\geqq 1.0)$，γ_m：材料係数 $(\geqq 1.0)$，γ_b：部材係数 $(\geqq 1.0)$，γ_f：作用係数 $(\geqq 1.0)$，γ_a：構造解析係数 $(\geqq 1.0)$ である．

　式 (3.2) は，安全係数を左辺に取りまとめたものである．安全係数の積 $\gamma_i \gamma_m \gamma_b \gamma_f \gamma_a$ は，示方書設計編に示された各係数の最大値を選ぶと 2.6，最小値を選ぶと 1.4 となる．一般にこの値が大きいほど安全性は向上するが，経済性は低下する．

　断面破壊の限界状態における断面力と断面耐力の発生確率を，図 3.5 に示す．断面耐力に比べて，断面力のほうが変動は大きいと考えられるが，これは断面力解析に用いる作用が多くの不確定要因を含むことに起因している．なお，これらの分布は，正規分布に従うことが知られている．図中の網掛け部は断面破壊を起こす領域で，その

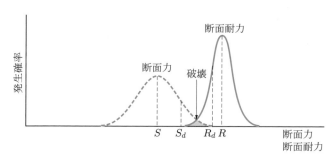

図 3.5　断面力と断面耐力の発生確率

面積が破壊確率を表す．構造物係数 γ_i はこの破壊確率に対応したものである．

　使用性に関する照査においては，使用時の設計応答値が設計限界値以内であること
を確認する．疲労破壊の限界状態においては，作用応力度が疲労強度以下となること
を確かめる．

━━ **演習問題** ━━━━━━━━━━━━━━━━━━━━━━━━━━━━━━━━━━━━━

3.1　作用を鉛直方向作用と水平方向作用に分類せよ．

3.2　断面力と断面耐力の違いを述べよ．

第4章

曲げモーメントを受ける部材の設計

　鉄筋コンクリート構造では，曲げモーメントを受ける部材の解析が重要である．部材の挙動は，一般に，まず曲げひび割れが発生し，つぎに鉄筋が降伏して，最終的にはコンクリートが圧壊して破壊に至る．ここでは，部材の曲げひび割れ発生状態から断面破壊状態までの解析理論について学ぶ．また，ひび割れ幅や変位・変形の計算方法についても理解する．

4.1　断面の種類

　鉄筋コンクリート部材の断面形状は，長方形，T形，箱形，円形などがあり，また，鉄筋配置の区分は，図 4.1 に示すように，引張側のみに鉄筋を配置した**単鉄筋断面** (single reinforcement) と，引張側と圧縮側の両方に鉄筋を配置した**複鉄筋断面** (double reinforcement) に分けられる．図に示した記号は，b：はりの幅 [mm]，h：はりの高さ [mm]，d：有効高さ [mm]，A_s：引張鉄筋の断面積 [mm^2]，A'_s：圧縮鉄筋の断面積 [mm^2]，x：圧縮縁から中立軸までの距離 [mm]，t：T 形断面のフランジ厚 [mm]，b_w：T 形断面の腹部幅 [mm] である．

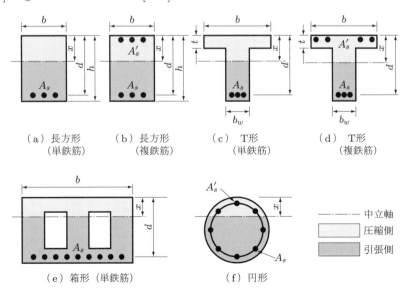

（a）長方形　　（b）長方形　　（c）T形　　（d）T形
（単鉄筋）　　（複鉄筋）　　（単鉄筋）　　（複鉄筋）

（e）箱形（単鉄筋）　　（f）円形

図 4.1　鉄筋の配置位置による断面の区別

4.2 挙 動

　曲げを受ける鉄筋コンクリート構造は，最大曲げモーメント付近で，引張側のコンクリートに曲げひび割れが発生すると，引張鉄筋が引張力を負担する．一方，圧縮側においてはコンクリートが圧縮力を負担する．曲げモーメントが増大していくと引張鉄筋が降伏し，最終的にはコンクリートの圧壊によって破壊に至る過程をたどる．

　鉄筋コンクリート構造においては，中立軸の位置がどこに存在するかを求める必要がある．ここでは，曲げモーメントを受ける単鉄筋長方形断面を有する部材について，その断面に生じるひずみおよび曲げ応力状態を，図 4.2 のように分類して説明する．また，図 4.3 に荷重とたわみの関係を示す．

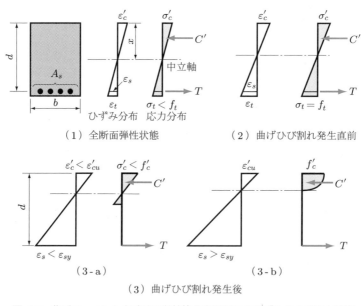

図 4.2 曲げモーメントを受ける単鉄筋長方形断面のひずみおよび応力状態

(1) 全断面弾性状態 ($\sigma_t < f_t$)

　作用する曲げモーメントが小さく，部材断面にひび割れが発生していない状態をいう．この場合は，コンクリートおよび鉄筋ともに弾性領域内にある．部材断面に生じる最大引張応力度 σ_t は，コンクリートの引張強度 f_t 以下である．

(2) 曲げひび割れ発生直前 ($\sigma_t = f_t$)

　作用する曲げモーメントがしだいに大きくなると，コンクリート断面に生じる引張応力度は増加する．このときの引張応力度が，コンクリートの引張強度以上になると

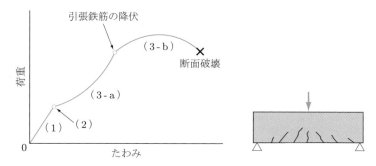

図 4.3　曲げモーメントを受ける鉄筋コンクリートはりの荷重とたわみの関係

ひび割れが発生する．引張応力度がコンクリートの引張強度に達したときのモーメントを，曲げひび割れが発生する限界のモーメント M_{cr} とする．

（3）曲げひび割れの発生と進展 $(\sigma_t > f_t)$

作用する曲げモーメントが M_{cr} 以上になると，コンクリート引張側に曲げひび割れが発生する．このひび割れの進展にともなって，中立軸の位置は上昇する．ひび割れ発生後の挙動は，つぎのように 2 段階に分類することができる．

a. 使用応力度状態 $(\varepsilon'_c < \varepsilon'_{cu},\ \varepsilon_s < \varepsilon_{sy},\ \sigma'_c < f'_c)$

コンクリート圧縮側および引張鉄筋は弾性領域にあるが，コンクリートの引張抵抗はほとんど消失した状態である．使用性に関する照査では，この状態に基づいて断面に生じる各応力度を算定している．

b. 断面破壊状態 $(\varepsilon'_c = \varepsilon'_{cu},\ \varepsilon_s > \varepsilon_{sy},\ \sigma'_c = f'_c)$

a 項の状態を超えると，ひび割れ本数は増加し，ひび割れ幅も拡大する．これにともなって中立軸の位置はさらに上昇するので，部材の剛性は低下し，部材の変形も大きくなり，鉄筋は降伏する．この状態では，コンクリート圧縮側の塑性ひずみが増大し，終局ひずみ $(\varepsilon'_{cu} = 0.0035)$ に達するので，断面破壊状態ではコンクリートの圧縮側も圧壊する．安全性に関する照査では，この状態に基づいて検討する．なお，この章では $f'_{ck} \leqq 50\,\mathrm{N/mm}^2$ の場合について記述する．

4.3 曲げ破壊形式

前節で述べたように，部材断面は，鉄筋コンクリート部材に作用する曲げモーメントの大きさによって，ひずみおよび応力分布が変化し，部材を構成する材料の強度以上になると破壊に至る．部材の破壊は，コンクリート圧縮縁のひずみは終局ひずみに，鉄筋は降伏ひずみ以上に到達したときの，いずれかの組み合わせによって起こる．し

たがって，破壊形式は，① 鉄筋の降伏，または ② コンクリート圧縮側の圧壊が主因となる場合，および ③ 両者が同時に起こる場合とに分類できる．③ の場合の鉄筋比を**釣合い鉄筋比** (balanced reinforcement ratio) p_b とよび，この鉄筋比は曲げ破壊形式を判別するための指標となっている．

4.3.1　曲げ引張破壊

部材の鉄筋比が釣合い鉄筋比以下であれば，引張鉄筋の降伏が先行し，そのあと変形が比較的大きくなると，コンクリート圧縮縁も破壊する．この破壊は，**曲げ引張破壊** (flexural tension failure, under reinforcement) であり，靱性的（ねばり強い）で，変形が少しずつ進行する．通常の曲げを受ける部材の設計に際しては，曲げ引張破壊を前提とした設計をする必要がある．しかし，鉄筋比を極端に小さくすると，曲げモーメントが小さい段階で鉄筋が降伏し，破壊時には鉄筋が破断する場合もあるので，示方書設計編では最小鉄筋量を規定している．

4.3.2　曲げ圧縮破壊

部材の鉄筋比が釣合い鉄筋比以上であれば，引張鉄筋が降伏する前にコンクリート圧縮側での脆性的（もろい）な破壊が先行する．この破壊は，**曲げ圧縮破壊** (flexural compression failure, over reinforcement) であり，部材の変形量が比較的小さく，急激に起こるので，この破壊形式を避けるように設計しなければならない．

4.4　断面破壊に対する安全性の検討

4.4.1　断面耐力の計算上の仮定

曲げモーメントおよび曲げモーメントと軸方向力を受ける部材の設計断面耐力の算定にあたっては，つぎのような仮定を設ける．

① 維ひずみ（曲げによるはりの軸方向ひずみ）は，断面の中立軸からの距離に比例する（平面保持の仮定）．

② コンクリートの引張応力度は無視する．

③ コンクリートの応力‐ひずみ曲線は，図 2.2 によるものを原則とする．

④ 鋼材の応力‐ひずみ曲線は図 2.5 によるものを原則とする．

仮定 ① について，維ひずみは中立軸の上・下方向に対して，それぞれ直線的に分布するものとする．この仮定は，断面破壊の限界状態における中立軸の位置，あるいはコンクリートや鉄筋に生じるひずみを求める場合などに用いられている．この場合，コンクリート圧縮縁のひずみは終局ひずみとする．

仮定②について，コンクリートの引張強度は，圧縮強度に比べて非常に小さいので，計算上これを無視する．コンクリートの引張強度は，圧縮強度の大きさによって異なるが，一般的には圧縮強度の1/10〜1/13程度とされている．

仮定③について，曲げモーメントおよび曲げモーメントと軸力を受ける部材の断面破壊の限界状態の検討については，図2.2に示すようなモデル化されたコンクリートの応力-ひずみ曲線を用いる．また，部材断面のひずみがすべて圧縮になる場合以外は，コンクリートの圧縮応力度の分布を長方形圧縮応力度の分布（等価応力ブロック，4.4.2項参照）と仮定してよい．これは，コンクリート圧縮縁の応力度を算定するときに用いられている．

仮定④について，断面破壊の限界状態の検討においては，一般に，図2.5に示したモデル化された鉄筋の応力-ひずみ曲線を用いる．

▌4.4.2 コンクリートの全圧縮力と等価応力ブロック

断面破壊の限界状態における単鉄筋長方形断面の縦ひずみおよび応力分布を，計算上の仮定に基づいて図4.4（a）に示す．コンクリートの全圧縮力 C' は，応力-ひずみ曲線の放物線および矩形部分で示された，それぞれの面積に断面幅を乗じることによって求めることができる．放物線と矩形部分で示された応力分布は，長方形の応力

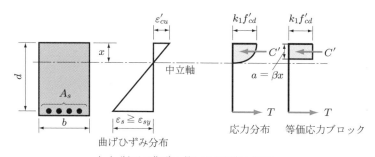

（a）断面の曲げひずみおよび応力分布

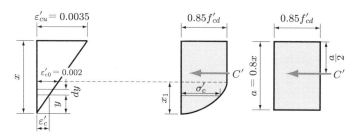

（b）等価応力ブロック

図4.4　曲げを受ける単鉄筋長方形断面の全圧縮力と等価応力ブロック

分布に置き換えることができる．これを**等価応力ブロック**（幅 $k_1 f'_{cd}$，高さ βx）とよ
ぶ．図 4.4（b）は，コンクリート圧縮側のひずみおよび応力分布と，仮定④に基づ
く等価応力ブロックを示したものである．放物線で囲まれる圧縮力は，つぎのように
なる．

$$C' = \int_0^x \sigma'_c b\,dy = \int_0^{x_1} \sigma'_c b\,dy + \int_{x_1}^x \sigma'_c b\,dy \tag{4.1}$$

ただし，

$$\sigma'_c = k_1 f'_{cd} \times \frac{\varepsilon'_c}{0.002} \times \left(2 - \frac{\varepsilon'_c}{0.002}\right) \quad (0 \leqq \varepsilon'_c \leqq 0.002) \tag{4.2}$$

$$\sigma'_c = k_1 f'_{cd} \quad (0.002 \leqq \varepsilon'_c \leqq 0.0035) \tag{4.3}$$

である．ここで，

$$k_1 = 1 - 0.003 f'_{ck} \quad (k_1 \leqq 0.85)$$

$$\varepsilon'_{cu} = \frac{155 - f'_{ck}}{30\,000} \quad (\varepsilon'_{cu} \leqq 0.0035,\ f'_{ck} \leqq 80\,\text{N/mm}^2)$$

$$\beta = 0.52 + 80\varepsilon'_{cu}$$

であり，C'：全圧縮力 [N]，σ'_c：圧縮応力度 [N/mm²]，ε'_c：縁ひずみ，x：中立軸から
の距離 [mm]，f'_{cd}：設計圧縮強度 [N/mm²]，k_1：強度の低減係数，ε'_{cu}：終局圧縮ひ
ずみである．この章では $f'_{ck} \leqq 50\,\text{N/mm}^2$ の場合を扱うことにするので，$k_1 = 0.85$
である．

　中立軸より y だけ離れた位置の縁ひずみを ε'_c とすれば，ひずみ分布図の相似の関係
から，次式のようになる．

$$y = \left(\frac{x}{\varepsilon'_{cu}}\right)\varepsilon'_c \tag{4.4}$$

y は ε'_c の関数であるから，式 (4.4) を微分すると $dy = (x/\varepsilon'_{cu})\,d\varepsilon'_c$ となる．これを
式 (4.1) に代入すると，次式が得られる．

$$C' = k_1 b f'_{cd}\left[\int_0^{\varepsilon'_{c0}} \left\{\frac{\varepsilon'_c}{\varepsilon'_{c0}}\left(2 - \frac{\varepsilon'_c}{\varepsilon'_{c0}}\right)\right\}\frac{x}{\varepsilon'_{cu}}d\varepsilon'_c + \int_{\varepsilon'_{c0}}^{\varepsilon'_{cu}} \frac{x}{\varepsilon'_{cu}}d\varepsilon'_c\right]$$

$$= k_1 f'_{cd} b\left(\frac{x}{\varepsilon'_{cu}}\right)\left\{\left(\varepsilon'_{c0} - \frac{\varepsilon'_{c0}}{3}\right) + (\varepsilon'_{cu} - \varepsilon'_{c0})\right\} \tag{4.5}$$

ここに，$k_1 = 0.85, \varepsilon'_{c0} = 0.002, \varepsilon'_{cu} = 0.0035$（$f'_{ck} \leqq 50\,\text{N/mm}^2$ の場合，$\varepsilon'_{cu} = 0.0035$
となる）を代入すると，次式となる．

$$C' = 0.6885 b x f'_{cd} \tag{4.6}$$

一方，等価応力ブロックの圧縮合力は $C' = 0.85 b a f'_{cd}$ であり，両者は等しいから，

$$0.6885 f'_{cd} bx = 0.85 f'_{cd} ba \tag{4.7}$$

となる．よって，等価応力ブロックの高さは $a = 0.81x$ となるが，$a = 0.8x$ としてよい．

4.4.3 設計曲げ耐力

（1）単鉄筋長方形断面

単鉄筋長方形断面の縦ひずみおよび応力分布を，等価応力ブロックの考え方に基づいて図 4.5 に示す．

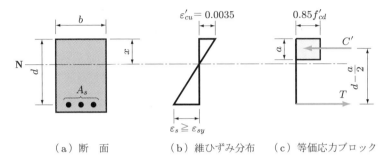

（a）断　面　　　（b）縦ひずみ分布　　（c）等価応力ブロック

図 4.5　単鉄筋長方形断面のひずみ分布と等価応力ブロック

コンクリートの全圧縮力および鉄筋の全引張力は，つぎのようになる．ただし，鉄筋は降伏しているものとする．

$$C' = 0.85 f'_{cd} ab, \qquad T = f_{yd} A_s \tag{4.8}$$

ここに，C'：コンクリートの全圧縮力 [N]，T：鉄筋の全引張力 [N]，f'_{cd}：コンクリートの設計圧縮強度 [N/mm^2]，f_{yd}：引張鉄筋の設計引張降伏強度 [N/mm^2]，A_s：引張鉄筋の断面積 [mm^2]，a：等価応力ブロックの高さ [mm]，b：断面の幅 [mm]，d：有効高さ [mm]，p：引張鉄筋比 $(= A_s/bd)$ である．

力の釣合い条件 $\Sigma H = 0$ より $C' = T$ であるから，等価応力ブロックの高さ a は，つぎの式で求められる．

$$0.85 f'_{cd} ab = f_{yd} A_s$$
$$a = \frac{f_{yd} A_s}{0.85 f'_{cd} b} = 1.18 p \left(\frac{f_{yd}}{f'_{cd}} \right) d \tag{4.9}$$

断面の曲げ耐力 M_u は，次式により求めることができる．

$$M_u = Tz = f_{yd} A_s \left(d - \frac{a}{2} \right) = bd^2 p f_{yd} \left(1 - \frac{0.59 p f_{yd}}{f'_{cd}} \right) \tag{4.10}$$

ここに，M_u：曲げ耐力 [N·mm]，z：圧縮合力の位置から引張鉄筋の図心までのアー

ム長 [mm] である.

設計曲げ耐力 M_{ud} は,次式となる.

$$M_{ud} = \frac{M_u}{\gamma_b} \tag{4.11}$$

ここに,M_{ud}:設計曲げ耐力 [N·mm],γ_b:部材係数(1.1 としてよい)である.

部材の断面破壊に対する安全性の照査は,次式により確認する.

$$\gamma_i \cdot \frac{M_d}{M_{ud}} \leqq 1.0 \tag{4.12}$$

ここに,M_d:設計曲げモーメント [N·mm] である.

つぎに,4.3 節で述べた部材の破壊形式の指標となる釣合い鉄筋比について示す.

コンクリート圧縮縁のひずみが終局ひずみ ε'_{cu} に達すると同時に,引張鉄筋のひずみが降伏ひずみ ε_{sy} に達するときの断面を釣合い断面とよび,このときの鉄筋比が釣合い鉄筋比である.この鉄筋比を境に部材の破壊形式が変化することから,釣合い鉄筋比と部材断面の鉄筋比とを対比することによって,破壊形式を判定する指標となっている.以下,釣合い断面をもとに,釣合い鉄筋比を求める.

中立軸までの距離 x は,図 4.5 に示すひずみ分布の相似性から,つぎのようになる.

$$x = \frac{\varepsilon'_{cu}}{\varepsilon'_{cu} + \varepsilon_{sy}} d \tag{4.13}$$

$a = 0.8x$ より $x = a/0.8$,また,釣合い鉄筋比は $p_b = A_s/bd$ であるから,式 (4.9) より,次式となる.

$$x = \frac{a}{0.8} = \frac{A_s f_{yd}}{0.8 \times 0.85 f'_{cd} b} = \frac{p_b d f_{yd}}{0.68 f'_{cd}} \tag{4.14}$$

式 (4.13) および式 (4.14) より,釣合い鉄筋比は,次式となる.

$$p_b = 0.68 \cdot \frac{f'_{cd}}{f_{yd}} \cdot \frac{\varepsilon'_{cu}}{\varepsilon'_{cu} + \varepsilon_{sy}} \tag{4.15}$$

$\varepsilon_{sy} = f_{yd}/E_s$ より,$E_s = 2 \times 10^5 \,\mathrm{N/mm^2}$,$\varepsilon'_{cu} = 0.0035$ であるから,これを式 (4.15) に代入すると,次式を導く.

$$p_b = 0.68 \cdot \frac{f'_{cd}}{f_{yd}} \cdot \frac{700}{700 + f_{yd}} \tag{4.16}$$

断面破壊時におけるコンクリート圧縮部の脆性破壊を避けるため,示方書設計編では曲げ引張破壊を前提として,単鉄筋長方形断面の鉄筋比を $0.002 \leqq p \leqq 0.75 p_b$ と規定している.

例題 4.1　$b = 400\,\text{mm}$, $h = 700\,\text{mm}$, $d = 640\,\text{mm}$, $A_s = 5\,\text{D}\,25$ (SD 295 A) の単鉄筋長方形断面の設計曲げ耐力 M_{ud} を求めよ. なお, $f'_{ck} = 30\,\text{N/mm}^2$, $f_{yk} = 295\,\text{N/mm}^2$ とし, 安全係数は, それぞれ $\gamma_c = 1.3$, $\gamma_s = 1.0$, $\gamma_b = 1.1$ とする.

解

$A_s = 5\,\text{D}\,25$：呼び名 25 mm の異形鉄筋を 5 本配置したときの鉄筋の総面積を表したもので, p.209 付表 1 より $A_s = 2\,533\,\text{mm}^2$ である.

SD 295 A：295 は鉄筋の降伏強度の特性値 $f_{yk} = 295\,\text{N/mm}^2$ を表したものである.

まず, コンクリートと鉄筋の設計強度を, つぎのように求める.

$$f'_{cd} = \frac{f'_{ck}}{\gamma_c} = \frac{30}{1.3} = 23.1\,\text{N/mm}^2$$

$$f_{yd} = \frac{f_{yk}}{\gamma_s} = \frac{295}{1.0} = 295\,\text{N/mm}^2$$

引張鉄筋が降伏しているか否かを, 釣合い鉄筋比と対比して確かめる.

断面の鉄筋比を求める.

$$p = \frac{A_s}{bd} = \frac{2\,533}{400 \times 640} = 0.00989$$

釣合い鉄筋比 p_b を式 (4.16) より求める.

$$p_b = 0.68 \cdot \frac{f'_{cd}}{f_{yd}} \cdot \frac{700}{700 + f_{yd}} = 0.68 \times \frac{23.1}{295} \times \frac{700}{700 + 295} = 0.0375$$

よって, $p = 0.00989 < p_b = 0.0375$ であるから, 引張鉄筋は降伏しており, 破壊形式は曲げ引張破壊である.

また, 示方書設計編の規定と対比をしてみると, 次式のとおりである.

$$0.002 \leqq p \leqq 0.75 p_b \text{ より, } 0.002 \leqq p = 0.00989 \leqq 0.75 \times 0.0375 = 0.0281$$

よって, この断面は設計上, 問題ない.

等価応力ブロックの高さ a を, 式 (4.9) により求める.

$$a = \frac{A_s f_{yd}}{0.85 f'_{cd} b} = \frac{2\,533 \times 295}{0.85 \times 23.1 \times 400} = 95.1\,\text{mm}$$

曲げ耐力 M_u を, 式 (4.10) より求める.

$$M_u = f_{yd} A_s \left(d - \frac{a}{2} \right) = 295 \times 2\,533 \times \left(640 - \frac{95.1}{2} \right)$$
$$= 443 \times 10^6\,\text{N·mm}$$
$$= 443\,\text{kN·m}$$

設計曲げ耐力 M_{ud} は, 式 (4.11) より, 次式となる.

$$M_{ud} = \frac{M_u}{\gamma_b} = \frac{443}{1.1} = 403\,\text{kN·m}$$

例題 4.2 有効スパン 8 m の単純ばりが, 永続作用と変動作用 $w_r = 30\,\text{kN/m}$ を受けるとき, 断面破壊時に対する安全性を照査せよ. 断面および設計条件は例題 4.1 と同じとする. ただし, この部材の単位重量は $24\,\text{kN/m}^3$ であり, 永続作用 (死荷重のみとする) および変動作用に対する作用係数は, それぞれ $\gamma_{fp} = 1.1$, $\gamma_{fr} = 1.15$, $\gamma_i = 1.1$ とする.

解

死荷重 w_p を求める.

$$w_p = 部材の単位重量 \times 断面積 = 24 \times 0.4 \times 0.7 = 6.72\,\text{kN/m}$$

死荷重と変動作用による設計作用を求める.

$$設計作用\ w = \gamma_{fp} \cdot w_p + \gamma_{fr} \cdot w_r = 1.1 \times 6.72 + 1.15 \times 30 = 41.9\,\text{kN/m}$$

断面破壊時に対する安全性の照査は, 最大曲げモーメントが生じる断面で行う. したがって, 設計曲げモーメント $M_d = M_{\max}$ となる.

設計作用を w として, 最大曲げモーメント (スパン中央での曲げモーメント) を求める.

$$M_{\max} = \frac{wl^2}{8} = \frac{41.9 \times 8^2}{8} = 335\,\text{kN·m}$$

例題 4.1 より, $M_{ud} = 403\,\text{kN·m}$ であるから, この断面の安全性については式 (4.12) を確認すればよい.

$$\gamma_i \cdot \frac{M_d}{M_{ud}} \leqq 1.0\ \ より,\ \ 1.1 \times \frac{335}{403} = 0.914 \leqq 1.0$$

よって, この断面は安全である.

(2) 複鉄筋長方形断面

複鉄筋断面では, 単鉄筋断面の力学的釣合い条件に加え, 圧縮鉄筋の圧縮力を算定しなければならない. ここでは, 図 4.6 に示す複鉄筋長方形断面について, 圧縮鉄筋が降伏している場合と, 降伏していない場合とに分けて, 設計曲げ耐力を求める.

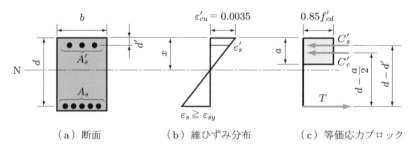

（a）断面　　　　　（b）維ひずみ分布　　　（c）等価応力ブロック

図 4.6　複鉄筋長方形断面の維ひずみおよび応力分布

a. 圧縮鉄筋が降伏している場合 ($\varepsilon'_s \geqq \varepsilon'_{sy}$)

コンクリートと圧縮鉄筋とによる全圧縮力および引張鉄筋の全引張力は，つぎのようになる．

$$C' = C'_c + C'_s = 0.85 f'_{cd} ab + f'_{yd} A'_s, \qquad T = f_{yd} A_s \qquad (4.17)$$

ここに，C'：圧縮部の全圧縮力 [N]，C'_c：コンクリートの全圧縮力 [N]，C'_s：圧縮鉄筋の全圧縮力 [N]，f'_{yd}：圧縮鉄筋の設計圧縮降伏強度 [N/mm²]，A'_s：圧縮鉄筋の断面積 [mm²]，T：引張鉄筋の全引張力 [N]，f_{yd}：引張鉄筋の設計引張降伏強度 [N/mm²]，A_s：引張鉄筋の断面積 [mm²] である．

力の釣合い条件 $C'_c + C'_s - T = 0$ と式 (4.17) より，等価応力ブロックの高さを，つぎのように求める．

$$0.85 f'_{cd} ab + f'_{yd} A'_s = f_{yd} A_s$$

より，次式となる．

$$a = \frac{f_{yd} A_s - f'_{yd} A'_s}{0.85 f'_{cd} b} = \frac{f_{yd} p - f'_{yd} p'}{0.85 f'_{cd}} d \qquad (4.18)$$

ここに，p：引張鉄筋比 ($= A_s/bd$)，p'：圧縮鉄筋比 ($= A'_s/bd$) である．

また，複鉄筋断面における曲げ耐力 M_u の算定は，図 4.7 に示すように，引張鉄筋量 A_s を A_{s1} と A_{s2} との二つに分けた断面として考えることができる ($A_s = A_{s1} + A_{s2}$)．

すなわち，A_{s1} は単鉄筋断面に対応する鉄筋量とし，A_{s2} は圧縮鉄筋に対応する鉄筋量である．

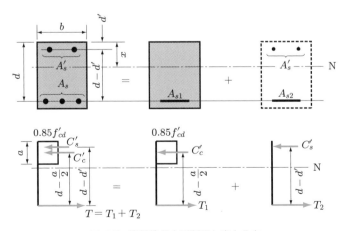

図 4.7 複鉄筋長方形断面と応力分布

単鉄筋と仮定した断面の曲げ耐力を M_{u1} とすれば，次式で表せる．

$$M_{u1} = T_1\left(d - \frac{a}{2}\right) = A_{s1}f_{yd}\left(d - \frac{a}{2}\right) \tag{4.19}$$

圧縮鉄筋および引張鉄筋 A_{s2} による曲げ耐力を M_{u2} とすれば，次式となる．

$$M_{u2} = T_2(d - d') = A_{s2}f_{yd}(d - d') = A'_s f'_{yd}(d - d') \tag{4.20}$$

ここに，d'：圧縮縁から圧縮鉄筋の図心までの距離 [mm] である．

式 (4.20) より，A_{s2} を求める．

$$A_{s2} = \frac{A'_s f'_{yd}}{f_{yd}} \tag{4.21}$$

であるから，A_{s1} は次式となる．

$$A_{s1} = A_s - A_{s2} = A_s - \frac{A'_s f'_{yd}}{f_{yd}} \tag{4.22}$$

複鉄筋断面の曲げ耐力 M_u は，式 (4.19) と式 (4.20) とを加えることによって，つぎのように求めることができる．

$$\begin{aligned}
M_u &= M_{u1} + M_{u2} = A_{s1}f_{yd}\left(d - \frac{a}{2}\right) + A'_s f'_{yd}(d - d') \\
&= \left(A_s f_{yd} - A'_s f'_{yd}\right)\left(d - \frac{a}{2}\right) + A'_s f'_{yd}(d - d')
\end{aligned} \tag{4.23}$$

設計曲げ耐力 M_{ud} は，式 (4.11) と同様に，次式となる．

$$M_{ud} = \frac{M_u}{\gamma_b} \tag{4.24}$$

b. 圧縮鉄筋が降伏していない場合 ($\varepsilon'_s < \varepsilon'_{sy}$)

　圧縮鉄筋が降伏していない場合は，式 (4.23) は適用できない．したがって，複鉄筋断面の場合は，いずれも曲げ破壊時に圧縮鉄筋が降伏しているか否かを確かめなければならない．

　圧縮鉄筋のひずみ ε'_s は，図 4.8（a）に示すひずみの適合条件から，次式のようになる．

$$\varepsilon'_s = \varepsilon'_{cu}\frac{x - d'}{x} \tag{4.25}$$

この場合の中立軸の位置 x は，式 (4.25) より，

$$x = \frac{\varepsilon'_{cu}}{\varepsilon'_{cu} - \varepsilon'_s}d' \tag{4.26}$$

となる．圧縮鉄筋が降伏したときの中立軸の位置は，図 4.8（b）に相当する．この中立軸の位置 x は式 (4.26) より，次式で導かれる．

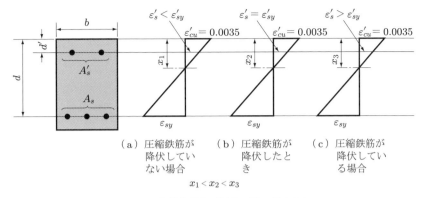

図 4.8 複鉄筋長方形断面の縦ひずみ分布

$$x = \frac{\varepsilon'_{cu}}{\varepsilon'_{cu} - \varepsilon'_{sy}}d' = \frac{\varepsilon'_{cu}}{\varepsilon'_{cu} - f'_{yd}/E_s}d' = \frac{700}{700 - f'_{yd}}d' \qquad (4.27)$$

ここに，ε'_{sy}：圧縮鉄筋が降伏したときのひずみ $(= f'_{yd}/E_s)$ で，$\varepsilon'_{cu} = 0.0035$，$E_s = 200\,000\,\text{N/mm}^2$ とする．

したがって，圧縮鉄筋が降伏している場合の中立軸の位置は，図 4.8（c）に示す縦ひずみ分布となり，つぎの条件を満足しなければならない．

$$x \geqq \frac{700}{700 - f'_{yd}}d' \qquad (4.28)$$

式 (4.18) より，

$$a = \frac{f_{yd}p - f'_{yd}p'}{0.85f'_{cd}}d = \left(p - p'\frac{f'_{yd}}{f_{yd}}\right)f_{yd}\frac{d}{0.85f'_{cd}} \qquad (4.29)$$

となる．圧縮鉄筋が降伏するためには，$x = a/0.8$ であるから，式 (4.28) より，つぎの条件式が成立する．

$$x = \frac{a}{0.8} \geqq \frac{700}{700 - f'_{yd}}d' \qquad (4.30)$$

$$p - p'\frac{f'_{yd}}{f_{yd}} \geqq 0.68\frac{f'_{cd}}{f_{yd}}\frac{700}{700 - f'_{yd}}\frac{d'}{d} \qquad (4.31)$$

式 (4.31) が成立しない場合は，圧縮鉄筋が降伏していないことになる．

圧縮鉄筋が降伏していない場合の釣合い条件は，式 (4.17) の f'_{yd} の代わりに σ'_s を挿入した次式のようになる．

$$C'_c + C'_s - T = 0$$
$$0.85f'_{cd}ab + A'_s\sigma'_s - A_s f_{yd} = 0 \qquad (4.32)$$

この場合の圧縮鉄筋の応力度 σ_s' は，以下の式によって求めることができる．

$$\varepsilon_s' = \varepsilon_{cu}' \frac{x - d'}{x} = \varepsilon_{cu}' \left(1 - \frac{d'}{x}\right)$$

より，次式となる．

$$\sigma_s' = \varepsilon_s' E_s = \varepsilon_{cu}' \left(1 - \frac{d'}{x}\right) E_s = 700 \left(1 - \frac{d'}{x}\right) = 700 \left(1 - \frac{0.8 d'}{a}\right) \tag{4.33}$$

等価応力ブロックの高さ a は，式 (4.32) に式 (4.33) を代入して整理すると，次式が得られる．

$$0.85 f_{cd}' b a^2 - (A_s f_{yd} - 700 A_s') a - 560 A_s' d' = 0$$

$$A_s = pbd, \qquad A_s' = p'bd$$

これらをさらに整理して，次式となる．

$$a = \frac{f_{yd}}{1.7 f_{cd}'} \left\{ p - p' \frac{700}{f_{yd}} + \sqrt{\left(p - p' \frac{700}{f_{yd}}\right)^2 + 1\,904 p' \frac{f_{cd}'}{(f_{yd})^2} \frac{d'}{d}} \right\} d \tag{4.34}$$

曲げ耐力 M_u は，式 (4.23) の f_{yd}' を σ_s' に置き換えた次式より求める．

$$M_u = (A_s f_{yd} - A_s' \sigma_s')\left(d - \frac{a}{2}\right) + A_s' \sigma_s'(d - d') \tag{4.35}$$

設計曲げ耐力 M_{ud} は，式 (4.11) と同様に，次式となる．

$$M_{ud} = \frac{M_u}{\gamma_b} \tag{4.36}$$

部材の断面破壊に対する安全性の照査は，式 (4.12) と同様に，次式により行う．

$$\gamma_i \cdot \frac{M_d}{M_{ud}} \leqq 1.0 \tag{4.37}$$

c. 引張鉄筋と圧縮鉄筋の断面積が等しい場合 ($A_s = A_s'$, $f_{yd} = f_{yd}'$)

式 (4.18) から求められる a は 0 となり，コンクリートの応力分布にかかわりなく，曲げ耐力 M_u は，式 (4.38) によって求められる．

$$M_u = A_s f_{yd}(d - d') \tag{4.38}$$

例題 4.3 図 4.9 に示す複鉄筋長方形断面の設計曲げ耐力 M_{ud} を求めよ.

ただし, $b = 400\,\mathrm{mm}$, $d = 640\,\mathrm{mm}$, $d' = 50\,\mathrm{mm}$, $A_s = 2\,533\,\mathrm{mm}^2$ (5 D 25, SD 295 A), $A_s' = 397\,\mathrm{mm}^2$ (2 D 16, SD 295 A), $f_{yk} = f_{yk}' = 295\,\mathrm{N/mm}^2$, $f_{ck}' = 30\,\mathrm{N/mm}^2$, $\gamma_c = 1.3$, $\gamma_s = 1.0$, $\gamma_b = 1.1$ とする.

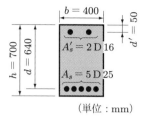

(単位:mm)

図 4.9 断面図

解

$$f_{cd}' = \frac{f_{ck}'}{\gamma_c} = \frac{30}{1.3} = 23.1\,\mathrm{N/mm}^2$$

$$f_{yd} = f_{yd}' = \frac{f_{yk}}{\gamma_s} = \frac{f_{yk}'}{\gamma_s} = \frac{295}{1.0} = 295\,\mathrm{N/mm}^2$$

$$p = \frac{A_s}{bd} = \frac{2\,533}{400 \times 640} = 0.00989$$

$$p' = \frac{A_s'}{bd} = \frac{397}{400 \times 640} = 0.00155$$

圧縮鉄筋が降伏しているものと仮定して, 応力ブロックの高さ a を, 式 (4.18) により求める.

$$a = \frac{f_{yd}p - f_{yd}'p'}{0.85 f_{cd}'}d = \frac{295 \times 0.00989 - 295 \times 0.00155}{0.85 \times 23.1} \times 640$$
$$= 80.2\,\mathrm{mm}$$

つぎに, 圧縮鉄筋が降伏しているか否かを, 式 (4.31) を用いて確かめる.

$$p - p'\frac{f_{yd}'}{f_{yd}} \geqq 0.68\frac{f_{cd}'}{f_{yd}} \cdot \frac{700}{700 - f_{yd}'} \cdot \frac{d'}{d}$$

より,

$$p - p'\frac{f_{yd}'}{f_{yd}} = 0.00989 - 0.00155 \times \frac{295}{295} = 0.00834 \quad (f_{yd} = f_{yd}')$$

$$0.68 \cdot \frac{f_{cd}'}{f_{yd}} \cdot \frac{700}{700 - f_{yd}'} \cdot \frac{d'}{d} = 0.68 \times \frac{23.1}{295} \times \frac{700}{700 - 295} \times \frac{50}{640} = 0.00719$$

となる. よって, $0.00834 > 0.00719$ であるから, 圧縮鉄筋は降伏している.

仮定のとおり, 圧縮鉄筋は降伏しているので, 式 (4.23) より, 曲げ耐力 M_u を求める.

$$M_u = (A_s f_{yd} - A_s' f_{yd}')\Big(d - \frac{a}{2}\Big) + A_s' f_{yd}'(d - d')$$
$$= (2\,533 \times 295 - 397 \times 295)\Big(640 - \frac{80.2}{2}\Big) + 397 \times 295(640 - 50)$$
$$= 447 \times 10^6\,\mathrm{N \cdot mm} = 447\,\mathrm{kN \cdot m}$$

設計曲げ耐力 M_{ud} は，式 (4.24) より，次式となる．

$$M_{ud} = \frac{M_u}{\gamma_b} = \frac{447}{1.1} = 406 \,\text{kN·m}$$

圧縮鉄筋が配置されている以外は，同じ単鉄筋断面（例題 4.1）の場合（$M_{ud} = 403\,\text{kN·m}$）と比較して，ほとんど変わらない．したがって，圧縮鉄筋の配置による設計曲げ耐力の増分は，ほとんど期待できない．

（3）単鉄筋 T 形断面

単鉄筋 T 形断面の設計曲げ耐力は，中立軸の位置によって分類し，つぎのように求める．

a. 中立軸が T 形断面のフランジ内にある場合 $(x \leqq t,\ a < t)$

この場合は，フランジ幅 b と等しい幅を有する長方形断面として，4.4.3（1）項で示したように算定すればよい．

b. 中立軸が T 形断面の腹部にある場合 $(x > t,\ a > t)$

この場合は，図 4.10 に示すようにフランジ突出部 $b - b_w$ と腹部の幅 b_w を有する長方形断面とに分けて考える．すなわち，引張鉄筋量 A_s をそれぞれフランジ突出部と，長方形断面部に作用するコンクリートの圧縮力と釣り合う鉄筋量に分けて，つぎのように表す．

A_{sf}：フランジ突出部 $b - b_w$ のコンクリートの全圧縮力と釣り合う鉄筋量 $[\text{mm}^2]$，$A_s - A_{sf}$：長方形断面部 b_w のコンクリートの全圧縮力と釣り合う鉄筋量 $[\text{mm}^2]$，C'_f：フランジ突出部のコンクリートの全圧縮力 $[\text{N}]$，C'_w：長方形断面部のコンクリートの

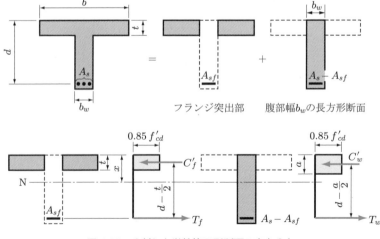

図 4.10 分割した単鉄筋 T 形断面の応力分布

全圧縮力 [N]，T_f：C'_f と釣り合う鉄筋の全引張力 [N]，T_w：長方形断面部の引張鉄筋の全引張力 [N] である．

　フランジ突出部のコンクリートの全圧縮力と釣り合う鉄筋量 A_{sf} は，つぎのように求められる．

$$C'_f = 0.85 f'_{cd} t (b - b_w), \qquad T_f = A_{sf} f_{yd} \tag{4.39}$$

ここに，b：フランジ幅 [mm]，t：フランジ厚 [mm]，b_w：腹部幅 [mm] である．

　$C'_f = T_f$ であるから，式 (4.39) より，次式を得る．

$$A_{sf} = 0.85 f'_{cd} t \frac{b - b_w}{f_{yd}} \tag{4.40}$$

ここで，等価応力ブロックの高さ a は，長方形断面部について考えればよいので，この断面部の釣合い条件から，つぎのように求めることができる．

$$C'_w = 0.85 f'_{cd} b_w a, \qquad T_w = (A_s - A_{sf}) f_{yd} \tag{4.41}$$

$C'_w = T_w$ であるから，

$$a = \frac{A_s - A_{sf}}{0.85 f'_{cd} b_w} f_{yd} \tag{4.42}$$

となる．曲げ耐力 M_u は，フランジ突出部と長方形断面部とによる，それぞれの全圧縮力に釣り合う偶力の和であるから，式 (4.40) より A_{sf} を次式に挿入して求める．

$$M_u = (A_s - A_{sf}) f_{yd} \left(d - \frac{a}{2} \right) + A_{sf} f_{yd} \left(d - \frac{t}{2} \right) \tag{4.43}$$

　設計曲げ耐力 M_{ud} は，式 (4.11) と同様に，次式となる．

$$M_{ud} = \frac{M_u}{\gamma_b} \tag{4.44}$$

断面破壊に対する部材の安全性の照査は式 (4.12) と同様に，次式により行う．

$$\gamma_i \cdot \frac{M_d}{M_{ud}} \leqq 1.0 \tag{4.45}$$

例題 4.4　図 4.11 に示す単鉄筋 T 形断面の設計曲げ耐力を算定せよ．設計条件はつぎのとおりとする．$b = 1\,000\,\mathrm{mm}$, $t = 150\,\mathrm{mm}$, $b_w = 450\,\mathrm{mm}$, $d = 850\,\mathrm{mm}$, $A_s = 10\,\mathrm{D}\,29$ (SD 390) とする．ただし，$f'_{ck} = 30\,\mathrm{N/mm^2}$, $f_{yk} = 390\,\mathrm{N/mm^2}$ であり，安全係数は，それぞれ $\gamma_c = 1.3$, $\gamma_s = 1.0$, $\gamma_b = 1.1$ とする．

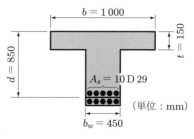

図 4.11　断面図

解

$$A_s = 10\,\mathrm{D}\,29 = 6\,424\,\mathrm{mm^2}, \quad f_{yk} = 390\,\mathrm{N/mm^2}\ (\text{SD } 390)$$

$$f'_{cd} = \frac{f'_{ck}}{\gamma_c} = \frac{30}{1.3} = 23.1\,\mathrm{N/mm^2}, \quad f_{yd} = \frac{f_{yk}}{\gamma_s} = \frac{390}{1.0} = 390\,\mathrm{N/mm^2}$$

フランジ幅を有する長方形断面として，等価応力ブロックの高さ a を式 (4.9) より計算し，フランジ厚と対比する．

$$a = \frac{A_s f_{yd}}{0.85 f'_{cd} b} = \frac{6\,424 \times 390}{0.85 \times 23.1 \times 1\,000} = 128\,\mathrm{mm}$$

よって，$a = 128\,\mathrm{mm} < t = 150\,\mathrm{mm}$ であるので，断面幅 $b = 1\,000\,\mathrm{mm}$ を有する長方形断面として計算すればよい．

この断面について，引張鉄筋が降伏しているか否かを，式 (4.16) より確かめる．

$$p = \frac{A_s}{bd} = \frac{6\,424}{1\,000 \times 850} = 0.00756$$

$$p_b = 0.68 \frac{f'_{cd}}{f_{yd}} \frac{700}{700 + f_{yd}} = 0.68 \times \frac{23.1}{390} \times \frac{700}{700 + 390} = 0.0259$$

$p < p_b$ であるから，仮定どおり引張鉄筋は降伏しており，部材の破壊形式は曲げ引張破壊である．つぎに示方書設計編の規定（T 形断面の鉄筋量は $0.003 \le p \le 0.75 p_b$）と対比すると，$p = 0.00756$ だから，次式を得る．

$$0.003 \le p = 0.00756 < 0.75 p_b = 0.0194$$

よって，適合しているので計算を進める．

$a = 128\,\mathrm{mm} < t = 150\,\mathrm{mm}$ であるから，断面 b を有する単鉄筋長方形断面として計算すればよいので，曲げ耐力 M_u は，式 (4.10) より計算し，設計曲げ耐力 M_{ud} を式 (4.11) より，つぎのように求める．

$$M_u = A_s f_{yd}\left(d - \frac{a}{2}\right) = 6\,424 \times 390 \times \left(850 - \frac{128}{2}\right)$$
$$= 1\,970 \times 10^6\,\mathrm{N \cdot mm} = 1\,970\,\mathrm{kN \cdot m}$$

$$M_{ud} = \frac{M_u}{\gamma_b} = \frac{1\,970}{1.1} = 1\,791\,\text{kN·m}$$

例題 4.5 例題 4.4 で示した単鉄筋 T 形断面について，鉄筋量 $A_s = 10\,\text{D}\,32\,(\text{SD}\,390)$ に変えたときの設計曲げ耐力 M_{ud} を算定せよ．また，この断面に $M_d = 1\,700\,\text{kN·m}$ が作用するときの断面破壊時に対する安全性を照査せよ．そのほかの設計条件は例題 4.4 と同じとする．なお，$\gamma_i = 1.1$ とする．

解

$$A_s = 10\,\text{D}\,32 = 7\,942\,\text{mm}^2$$

$$f'_{cd} = \frac{f'_{ck}}{\gamma_c} = \frac{30}{1.3} = 23.1\,\text{N/mm}^2$$

$$f_{yd} = \frac{f_{yk}}{\gamma_s} = \frac{390}{1.0} = 390\,\text{N/mm}^2$$

等価応力ブロックの高さ a を，例題 4.4 と同様に式 (4.9) より計算し，フランジ厚と対比する．

$$a = \frac{A_s f_{yd}}{0.85 f'_{cd} b} = \frac{7\,942 \times 390}{0.85 \times 23.1 \times 1\,000} = 158\,\text{mm}$$

$a = 158\,\text{mm} > t = 150\,\text{mm}$ であるから，この場合は T 形断面として計算しなければならない．フランジ突出部のコンクリートの全圧縮力と釣り合う鉄筋量 A_{sf} を式 (4.40) より求めて，破壊形式を式 (4.15) による釣合い鉄筋比より確かめる．

破壊形式は，分割した長方形断面部におけるコンクリートの全圧縮力と釣り合う鉄筋比（すなわち，鉄筋量 $A_s - A_{sf}$ の幅 b_w の長方形断面の鉄筋比）を用いて判断する．この鉄筋比を p_1 とすると，

$$A_{sf} = \frac{0.85 f'_{cd} t (b - b_w)}{f_{yd}} = \frac{0.85 \times 23.1 \times 150 \times (1\,000 - 450)}{390}$$

$$= 4\,154\,\text{mm}^2$$

$$p_1 = \frac{A_s - A_{sf}}{b_w d} = \frac{7\,942 - 4\,154}{450 \times 850} = 0.00990$$

$$p_b = 0.68 \frac{f'_{cd}}{f_{yd}} \frac{700}{700 + f_{yd}} = 0.68 \times \frac{23.1}{390} \times \frac{700}{700 + 390} = 0.0259$$

$$p_1 = 0.00990 < p_b = 0.0259$$

となる．よって，引張鉄筋は仮定どおり降伏しており，破壊形式は曲げ引張破壊である．また，示方書設計編の規定と対比すると，次式となる．

$$0.003 \leqq p_1 = 0.00990 \leqq 0.75 p_b = 0.75 \times 0.0259 = 0.0194$$

よって，規定を満足している.

長方形断面部の等価応力ブロックの高さ a は式 (4.42) により，曲げ耐力 M_u は式 (4.43) により算定し，設計曲げ耐力 M_{ud} は式 (4.44) により，それぞれつぎのように求める.

$$a = \frac{(A_s - A_{sf})f_{yd}}{0.85 f'_{cd} b_w} = \frac{(7\,942 - 4\,154) \times 390}{0.85 \times 23.1 \times 450} = 167\,\text{mm}$$

$$M_u = (A_s - A_{sf})f_{yd}\left(d - \frac{a}{2}\right) + A_{sf}f_{yd}\left(d - \frac{t}{2}\right)$$

$$= (7\,942 - 4\,154) \times 390 \times \left(850 - \frac{167}{2}\right) + 4\,154 \times 390$$

$$\times \left(850 - \frac{150}{2}\right) = 2\,388 \times 10^6\,\text{N·mm} = 2\,388\,\text{kN·m}$$

$$M_{ud} = \frac{M_u}{\gamma_b} = \frac{2\,388}{1.1} = 2\,171\,\text{kN·m}$$

断面破壊時に対する部材の安全性の照査は，式 (4.45) より，

$$\gamma_i \cdot \frac{M_d}{M_{ud}} = \frac{1.1 \times 1\,700}{2\,171} = 0.86 < 1.0$$

となる．よって，安全である.

4.5 使用性に対する検討

4.5.1 応力度算定

通常の使用状態では，図 4.2 (3-a) に示したように，引張側のコンクリートにひび割れが生じているが，圧縮側のコンクリートおよび引張側の鉄筋は弾性域にある．この状態の断面に生じる曲げ応力度を以下に計算する．計算上の仮定は，つぎのとおりである.

① 維ひずみは，断面の中立軸からの距離に比例する（平面保持の仮定）.

② コンクリートの引張応力度は無視する.

③ コンクリートおよび鉄筋は，ともに弾性体とする.

コンクリートのヤング係数 E_c は，設計基準強度に応じて表 2.1 の値が用いられ，鉄筋のヤング係数 E_s は，$200\,\text{kN/mm}^2$ とする．応力度計算には，コンクリートと鉄筋のヤング係数比 $n = E_s/E_c$ が用いられる.

また，曲げモーメントおよび軸方向力によるコンクリートの圧縮応力度，鉄筋の引張応力度は，つぎの制限値を超えてはならない.

① コンクリートの圧縮応力度の制限値は，永続作用を受ける場合，$0.4f'_{ck}$（f'_{ck}：コ

ンクリートの設計基準強度)

② 鉄筋の引張応力度の制限値は f_{yk} (f_{yk}：鉄筋の降伏強度)

ここでは，曲げ部材の基本を説明するため，最初に単鉄筋長方形断面を取り上げ，つぎに任意断面，複鉄筋長方形断面および単鉄筋 T 形断面の順に曲げ応力度式を検討する.

(1) 単鉄筋長方形断面

図 4.12 に示す単鉄筋長方形断面に，曲げモーメント M が作用する場合の曲げ応力度を以下に算定する．計算上の仮定①の平面保持の仮定により，維ひずみ分布は同図（b）に示すように直線分布となることから，次式が成立する.

$$\frac{\varepsilon'_c}{x} = \frac{\varepsilon'_y}{y} = \frac{\varepsilon_s}{d-x} \tag{4.46}$$

ここで，x：中立軸から圧縮縁までの距離 [mm]，d：有効高さ [mm]，ε'_c：圧縮縁における維ひずみ，ε'_y：中立軸からの距離 y における維ひずみ，ε_s：引張鉄筋図心における維ひずみである.

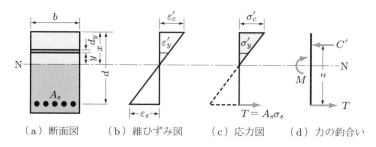

（a）断面図　　（b）維ひずみ図　　（c）応力図　　（d）力の釣合い

図 4.12　単鉄筋長方形断面

仮定③より弾性体であるから，フックの法則により，つぎの式を適用する.

$$\left.\begin{array}{l} \sigma'_c = E_c \varepsilon'_c \\ \sigma'_y = E_c \varepsilon'_y \\ \sigma_s = E_s \varepsilon_s \end{array}\right\} \tag{4.47}$$

ここで，σ'_c：圧縮縁におけるコンクリートの応力度 [N/mm²]，σ'_y：中立軸からの距離 y におけるコンクリートの応力度 [N/mm²]，σ_s：引張鉄筋図心における応力度 [N/mm²]，E_c：コンクリートのヤング係数 [N/mm²]，E_s：鉄筋のヤング係数 [N/mm²] である.

式 (4.47) のひずみを式 (4.46) に代入すると，

$$\sigma'_y = \sigma'_c \frac{y}{x} \tag{4.48}$$

$$\sigma_s = \frac{E_s}{E_c}\sigma_c'\frac{d-x}{x} = n\sigma_c'\frac{d-x}{x} \tag{4.49}$$

となる．ここで，n：ヤング係数比 $(= E_s/E_c)$ である．

　図 4.12（c）に応力度分布を示すが，中立軸より上部は圧縮で，コンクリートには圧縮応力度がはたらき，その分布は三角形分布である．中立軸より下部は引張りで，仮定②のとおり，コンクリートは引張応力度を負担しないため，鉄筋が引張力を受けもつ．つまり同図（d）に示すように，曲げモーメント M に対して，断面の圧縮側ではコンクリートにはたらく全圧縮力 C' によって，引張側では鉄筋にはたらく全引張力 T によって抵抗することになる．

　力の釣合い式 $\Sigma H = 0$ から，

$$C' - T = 0 \qquad \therefore\ C' = T \tag{4.50}$$

となる．ここに，C'：圧縮側のコンクリートが受けもつ全圧縮力 [N]，T：引張鉄筋が受けもつ全引張力 [N] である．

　圧縮側のコンクリートが受けもつ圧縮力 C' は，次式となる．

$$C' = \int_{A_c} \sigma_y'\, dA_c = \int_0^x \frac{y}{x}\sigma_c' b\, dy = \frac{1}{2}\sigma_c' bx \tag{4.51}$$

ここに，A_c：圧縮側コンクリートの断面積 [mm^2]，b：断面の幅 [mm] である．

　引張鉄筋が受けもつ引張力 T は，次式となる．

$$T = \sigma_s A_s \tag{4.52}$$

ここに，A_s：引張鉄筋の断面積 [mm^2] である．

　式 (4.47) および式 (4.48) を式 (4.46) へ代入し，式 (4.49) の関係を用いると，

$$\frac{bx^2}{2} - nA_s(d-x) = 0 \tag{4.53}$$

である．式 (4.53) を解くと，中立軸の位置 x が求められる．

$$x = \frac{nA_s}{b}\left(-1 + \sqrt{1 + \frac{2bd}{nA_s}}\right) \tag{4.54}$$

いま，引張鉄筋比を $p = A_s/bd$ で表して，中立軸の位置 x と有効高さ d の比，すなわち中立軸比 k を求めると，次式となる．

$$k = \frac{x}{d} = -np + \sqrt{2np + (np)^2} \tag{4.55}$$

これより，引張鉄筋比 p から中立軸の位置 $x = kd$ が求められる．

　つぎに，モーメントの釣合い式 $\Sigma M = 0$ から，

$$M - M_r = 0 \qquad \therefore \ M = M_r \tag{4.56}$$

$$M_r = C' \cdot z = T \cdot z \tag{4.57}$$

となる．ここに，M：断面に生じる曲げモーメント [N·mm]，M_r：圧縮側コンクリートおよび引張鉄筋による抵抗曲げモーメント [N·mm]，z：C' と T の作用点間距離 [mm]である．

M_r は C' と T からなる偶力モーメントである．z はアーム長とよばれる．C' の作用点は，コンクリートが負担する圧縮応力度分布が三角形分布で幅が一定であるから，圧縮縁から $x/3$ の位置にある．したがって，z は，次式で表される．

$$z = d - \frac{1}{3}x = \left(1 - \frac{1}{3}k\right)d = jd \tag{4.58}$$

式 (4.57) に式 (4.51)，式 (4.52) および式 (4.56) を代入すると，応力度式が得られる．同様に k，j および p を用いた式も表示する．

$$\sigma'_c = \frac{2M}{bx(d - x/3)} = \frac{2M}{bxz} = \frac{2M}{kjbd^2} \tag{4.59}$$

$$\sigma_s = \frac{M}{A_s(d - x/3)} = \frac{M}{A_s z} = \frac{M}{pjbd^2} \tag{4.60}$$

別解として，はり理論における曲げ応力度式を適用すると，コンクリートの圧縮縁応力度 σ'_c は，以下のとおりとなる．

$$\sigma'_c = \frac{M}{I_i}x \tag{4.61}$$

ここで，I_i：中立軸に関する換算断面二次モーメント [mm^4] である．

鉄筋の引張応力度 σ_s は，式 (4.49) によって求められる．I_i は引張側コンクリートを無視した換算断面二次モーメントで，図 4.12（a）を参照し，次式で計算できる．

$$\left. \begin{aligned} I_i &= I_c + nI_s \\ I_c &= \int_{A_c} y^2 \, dA_c = \int_0^x y^2 b \, dy = \frac{1}{3}bx^3 \\ I_s &= A_s(d - x)^2 \\ I_i &= \frac{1}{3}bx^3 + nA_s(d - x)^2 \end{aligned} \right\} \tag{4.62}$$

ここに，I_c：中立軸に関する圧縮側コンクリートの断面二次モーメント [mm^4]，I_s：中立軸に関する引張鉄筋の断面二次モーメント [mm^4] である．

例題 4.6 単鉄筋長方形断面，$b = 400\,\mathrm{mm}$，$d = 640\,\mathrm{mm}$，$h = 700\,\mathrm{mm}$，$A_s = 5\,\mathrm{D}\,25$ に曲げモーメント $M = 200\,\mathrm{kN \cdot m}$ が生じるとき，コンクリートおよび鉄筋の曲げ応

力度を求めよ（図 4.12 参照）．コンクリートの設計基準強度 $f'_{ck} = 30\,\mathrm{N/mm^2}$，鉄筋は SD 295 A である．

解

付表 1 より，$A_s = 5\,\mathrm{D}\,25 = 2\,533\,\mathrm{mm^2}$，引張鉄筋比 $p = \dfrac{A_s}{bd} = \dfrac{2\,533}{640 \times 400} = 0.00989$，

表 2.1 より，$n = \dfrac{E_s}{E_c} = \dfrac{200}{28} = 7.14$ となる．

中立軸の位置は，式 (4.54) より，

$$x = \frac{nA_s}{b}\left(-1 + \sqrt{1 + \frac{2bd}{nA_s}}\,\right)$$

$$= \frac{7.14 \times 2\,533}{400}\left(-1 + \sqrt{1 + \frac{2 \times 400 \times 640}{7.14 \times 2\,533}}\,\right) = 199.6\,\mathrm{mm}$$

である．中立軸に関する換算断面二次モーメント I_i は，式 (4.62) より，

$$I_i = \frac{1}{3}bx^3 + nA_s(d - x)^2$$

$$= \frac{1}{3} \times 400 \times 199.6^3 + 7.14 \times 2\,533 \times (640 - 199.6)^2$$

$$= 4.568 \times 10^9\,\mathrm{mm^4}$$

となる．曲げ応力度 σ'_c および σ_s は，式 (4.61) および式 (4.49) より，以下となる．

$$\sigma'_c = \frac{M}{I_i}x = \frac{200 \times 10^6}{4.568 \times 10^9} \times 199.6 = 8.74\,\mathrm{N/mm^2}$$

$$\sigma_s = n\sigma'_c\frac{d - x}{x} = 7.14 \times 8.74 \times \frac{640 - 199.6}{199.6} = 138\,\mathrm{N/mm^2}$$

（2）任意断面

図 4.13 に示す左右対称な任意形状の断面について，曲げ応力度の一般式を考える．縦ひずみは，平面保持の仮定から直線分布し，次式で与えられる．

$$\frac{\varepsilon'_c}{x} = \frac{\varepsilon'_s}{x - d'} = \frac{\varepsilon'_y}{y} = \frac{\varepsilon_s}{d - x} \tag{4.63}$$

ここに，ε'_c：圧縮縁のひずみ，ε'_s：圧縮鉄筋の縦ひずみ，ε'_y：中立軸からの距離 y における縦ひずみ，ε_s：引張鉄筋の縦ひずみ，d'：圧縮縁から圧縮鉄筋の図心までの距離 [mm] である．

フックの法則 $\sigma'_c = E_c \cdot \varepsilon'_c$，$\sigma'_s = E_s \cdot \varepsilon'_s$，$\sigma_s = E_s \cdot \varepsilon_s$ の関係を式 (4.63) に代入すると，つぎの応力度関係式を得る．

$$\frac{\sigma'_c}{x} = \frac{\sigma'_s}{n(x - d')} = \frac{\sigma'_y}{y} = \frac{\sigma_s}{n(d - x)} \tag{4.64}$$

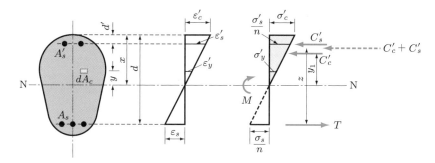

図 4.13　任意断面

ここに，σ_s'：圧縮鉄筋の図心位置における応力度 $[\mathrm{N/mm^2}]$ である．

力の釣合い式 $\Sigma H = 0$ から，次式を得る．

$$C_c' + C_s' - T = 0 \tag{4.65}$$

断面に生じるコンクリートが負担する圧縮力 C_c'，圧縮鉄筋が負担する圧縮力 C_s' および引張鉄筋が負担する引張力 T は，つぎのとおりである．

$$\left.\begin{array}{l} C_c' = \displaystyle\int_{A_c} \sigma_y' \, dA_c = \dfrac{\sigma_c'}{x} \int_{A_c} y \, dA_c = \dfrac{\sigma_c'}{x} G_c' \\[3mm] C_s' = \sigma_s' A_s' = n\sigma_c' \dfrac{x - d'}{x} A_s' = n\dfrac{\sigma_c'}{x} G_s' \\[3mm] T = \sigma_s A_s = n\sigma_c' \dfrac{d - x}{x} A_s = n\dfrac{\sigma_c'}{x} G_s \end{array}\right\} \tag{4.66}$$

ここに，A_s'：圧縮鉄筋の断面積 $[\mathrm{mm^2}]$，G_c'：中立軸に関するコンクリートの断面一次モーメント $[\mathrm{mm^3}]$，G_s'，G_s：圧縮鉄筋および引張鉄筋それぞれの中立軸に関する断面一次モーメント $[\mathrm{mm^3}]$ である．

式 (4.66) を式 (4.65) へ代入すると，次式が成立する．

$$\left.\begin{array}{l} \dfrac{\sigma_c'}{x} G_c' + \dfrac{\sigma_c'}{x} nG_s' - \dfrac{\sigma_c'}{x} nG_s = 0 \\[3mm] G_c' + nG_s' - nG_s = 0 \end{array}\right\} \tag{4.67}$$

式 (4.67) を解くことによって，中立軸の位置 x が求められる．また，この式は，中立軸に関する断面一次モーメントが 0 であることを示している．

コンクリートの圧縮縁応力度 σ_c' は，はり理論を用いて，次式によって求めることができる．

$$\sigma_c' = \frac{M}{I_i} x \tag{4.68}$$

ここに，M：荷重による曲げモーメント $[\mathrm{N\cdot mm}]$，I_i：中立軸に関する換算断面二次

モーメント [mm^4] である.

I_i は次式で表される.

$$I_i = I_c + nI_s' + nI_s$$
$$= \int_{A_c} y^2 \, dA_c + nA_s'(x - d')^2 + nA_s(d - x)^2 \tag{4.69}$$

ここに，I_c, I_s', I_s：圧縮側コンクリート，圧縮鉄筋および引張鉄筋，それぞれの中立軸に関する断面二次モーメント [mm^4] である.

中立軸から C_c' の作用線までの距離 y_1 およびアーム長 z は，つぎのとおりである.

$$y_1 = \frac{\int_{A_c} \sigma_y' \cdot y \cdot dA_c}{C_c'} = \frac{(\sigma_c'/x) \int_{A_c} y^2 \, dA_c}{(\sigma_c'/x) \int_{A_c} yA_c} = \frac{I_c}{G_c'} \tag{4.70}$$

$$z = \frac{C_c'(y_1 + d - x) + C_s'(d - d')}{C_c' + C_s'}$$
$$= \frac{G_c'(y_1 + d - x) + nG_s'(d - d')}{G_c' + nG_s'} \tag{4.71}$$

圧縮鉄筋および引張鉄筋の応力度は，はり理論および式 (4.64) から，次式によって求められる.

$$\sigma_s' = n\frac{M}{I_i}(x - d') = n\sigma_c'\frac{x - d'}{x} \tag{4.72}$$

$$\sigma_s = n\frac{M}{I_i}(d - x) = n\sigma_c'\frac{d - x}{x} \tag{4.73}$$

(3) 複鉄筋長方形断面

図 4.14 に示す，圧縮側にも鉄筋を配置した複鉄筋長方形断面の応力度算定について考える．中立軸の位置 x は，式 (4.67) を適用すると，つぎのように求められる.

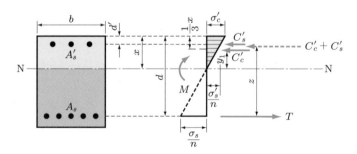

図 4.14　複鉄筋長方形断面

$$G'_c + nG'_s - nG_s = \frac{bx^2}{2} + nA'_s(x - d') - nA_s(d - x) = 0 \qquad (4.74)$$

$$x = -\frac{n(A_s + A'_s)}{b} + \sqrt{\left\{\frac{n(A_s + A'_s)}{b}\right\}^2 + \frac{2n}{b}(A_s d + A'_s d')} \qquad (4.75)$$

中立軸比 $k = x/d$ を用いる場合は，次式で表される．

$$k = -n(p + p') + \sqrt{\left\{n(p + p')\right\}^2 + 2n\left\{p + p'\left(\frac{d'}{d}\right)\right\}} \qquad (4.76)$$

ここに，p：引張鉄筋比 $(= A_s/bd)$，p'：圧縮鉄筋比 $(= A'_s/bd)$，である．

中立軸に関する換算断面二次モーメント I_i は，次式で示される．

$$I_i = \frac{bx^3}{3} + n\left\{A'_s(x - d')^2 + A_s(d - x)^2\right\} \qquad (4.77)$$

中立軸から C'_c の作用線までの距離 y_1，アーム長 z は，式 (4.70)，(4.71) から，次式で表される．

$$y_1 = \frac{bx^3/3}{bx^2/2} = \frac{2}{3}x \qquad (4.78)$$

$$z = \frac{(bx^2/2)(d - x/3) + nA'_s(x - d')(d - d')}{bx^2/2 + nA'_s(x - d')} \qquad (4.79)$$

応力度式は，つぎに示すとおりである．

$$\left.\begin{array}{l} \sigma'_c = \dfrac{M}{I_i}x \\[2mm] \sigma'_s = n\dfrac{M}{I_i}(x - d') \\[2mm] \sigma_s = n\dfrac{M}{I_i}(d - x) \end{array}\right\} \qquad (4.80)$$

例題 4.7 曲げモーメント $M = 200\,\mathrm{kN \cdot m}$ が生じる複鉄筋長方形断面 $(b = 400\,\mathrm{mm},\ d = 640\,\mathrm{mm},\ d' = 50\,\mathrm{mm},\ h = 700\,\mathrm{mm},\ A_s = 5\,\mathrm{D}\,25,\ A'_s = 2\,\mathrm{D}\,16)$ における曲げ応力度 $\sigma'_c,\ \sigma'_s$ および σ_s を求めよ（図 4.14 参照）．ただし，材料は，例題 4.6 と同じである．

解

付表 1 より，$A_s = 5\,\mathrm{D}\,25 = 2\,533\,\mathrm{mm}^2$，$A'_s = 2\,\mathrm{D}\,16 = 397\,\mathrm{mm}^2$，である．

引張鉄筋比 $p = A_s/bd = 0.00989$，圧縮鉄筋比 $p' = A'_s/bd = 0.00155$，$n = 7.14$ となる．

中立軸の位置 x は，式 (4.75) より，

$$x = -\frac{n(A_s + A'_s)}{b} + \sqrt{\left\{\frac{n(A_s + A'_s)}{b}\right\}^2 + \frac{2n}{b}(A_s d + A'_s d')}$$

$$= -\frac{7.14(2\,533 + 397)}{400}$$

$$+ \sqrt{\left\{\frac{7.14(2\,533 + 397)}{400}\right\}^2 + \frac{2 \times 7.14}{400}(2\,533 \times 640 + 397 \times 50)}$$

$$= 195.3\,\text{mm}$$

中立軸に関する換算断面二次モーメント I_i は，式 (4.77) より，以下となる.

$$I_i = \frac{bx^3}{3} + n\left\{A'_s(x - d')^2 + A_s(d - x)^2\right\}$$

$$= \frac{400 \times 195.3^3}{3} + 7.14 \times \left\{397(195.3 - 50)^2 + 2\,533(640 - 195.3)^2\right\}$$

$$= 4.63 \times 10^9\,\text{mm}^4$$

曲げ応力度は，式 (4.80) より，以下のとおり.

$$\sigma'_c = \frac{M}{I_i}x = \frac{2.0 \times 10^8}{4.63 \times 10^9} \times 195.3 = 8.44\,\text{N/mm}^2$$

$$\sigma'_s = n\frac{M}{I_i}(x - d') = 7.14 \times \frac{2.0 \times 10^8}{4.63 \times 10^9} \times (195.3 - 50) = 44.8\,\text{N/mm}^2$$

$$\sigma_s = n\frac{M}{I_i}(d - x) = 7.14 \times \frac{2.0 \times 10^8}{4.63 \times 10^9} \times (640 - 195.3) = 137\,\text{N/mm}^2$$

（4）単鉄筋 T 形断面

　T 形断面は，コンクリート構造における合理的な断面として橋梁などで多く採用されている．その一般的な断面形状は，図 4.15 に示すように，**フランジ** (flange) と**腹部** (**ウェブ**, web) から構成される．ここでは，単鉄筋 T 形断面の応力度算定式を求める.

　T 形断面の応力度計算は，中立軸がフランジ内にある場合には長方形断面として計算し，中立軸が腹部内にある場合に T 形断面として計算する．中立軸が腹部内にあるためには，フランジ下面における断面一次モーメントが負値にならなければならない.

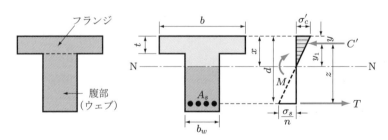

図 4.15　T 形断面

よって，中立軸が腹部内にあるための条件式は，つぎのように求められる．

$$G'_c - nG_s < 0, \quad b\frac{t^2}{2} - nA_s(d-t) < 0, \quad A_s > \frac{bt^2/2}{n(d-t)} \tag{4.81}$$

ここに，b：フランジ幅 [mm]，t：フランジ高さ [mm] である．

中立軸の位置に関する検査は，つぎに示す x を計算し，$x > t$ であれば中立軸が腹部内に，$x \leqq t$ であれば中立軸がフランジ内にあると判定できる．単鉄筋 T 形断面において中立軸が腹部内にある場合，中立軸の位置 x は，式 (4.67) を適用すると，つぎのように求められる．

$$G'_c - nG_s = bt\left(x - \frac{t}{2}\right) + b_w\frac{(x-t)^2}{2} - nA_s(d-x) = 0 \tag{4.82}$$

$$x = \frac{1}{b_w}\Big[-\big\{(b-b_w)t + nA_s\big\} \\ + \sqrt{\big\{(b-b_w)t + nA_s\big\}^2 + b_w\big\{(b-b_w)t^2 + 2nA_sd\big\}}\, \Big] \tag{4.83}$$

ここに，b_w：腹部の幅 [mm] である．

中立軸に関する換算断面二次モーメント I_i は，次式となる．

$$I_i = \frac{1}{3}\big\{bx^3 - (b-b_w)(x-t)^3\big\} + nA_s(d-x)^2 \tag{4.84}$$

T 形断面では通常，腹部部分の圧縮側コンクリートはフランジ部分のそれに比べ，圧縮抵抗をする度合いはきわめて小さい．このため，腹部部分の圧縮側コンクリートを無視して中立軸の位置 x および換算断面二次モーメント I_i を求めると，次式のとおりとなる．

$$x = \frac{bt^2/2 + nA_sd}{bt + nA_s} \tag{4.85}$$

$$I_i = \frac{b}{3}\big\{x^3 - (x-t)^3\big\} + nA_s(d-x)^2 \tag{4.86}$$

図 4.15 に示すアーム長 z は，式 (4.71) を適用し，次式によって求められる．

$$y_1 = \frac{(b/3)\big\{x^3 - (x-t)^3\big\}}{bt(x-t/2) + b_w(x-t)^2/2} \tag{4.87}$$

$$z = y_1 + d - x \tag{4.88}$$

応力度は，前述した式と同様に，次式で与えられる．

$$\left.\begin{aligned}\sigma'_c &= \frac{M}{I_i}x \\ \sigma_s &= n\frac{M}{I_i}(d-x) = n\frac{M}{A_s z} = n\sigma'_c\frac{d-x}{x}\end{aligned}\right\} \tag{4.89}$$

例題 4.8　図 4.16 に示すスパン $l = 10\,\text{m}$ の単純ばり単鉄筋 T 形断面($b = 1\,000\,\text{mm}$, $t = 150\,\text{mm}$, $h = 1\,000\,\text{mm}$, $b_w = 450\,\text{mm}$, $d = 850\,\text{mm}$, $A_s = 10\,\text{D}\,29$)に，等分布荷重 $w_d = 60\,\text{kN/m}$（自重を含む）が生じたとき，コンクリートおよび鉄筋の曲げ応力度 σ'_c, σ_s を求めよ．コンクリートの設計基準強度は $f'_{ck} = 30\,\text{N/mm}^2$，鉄筋は SD 390 である．

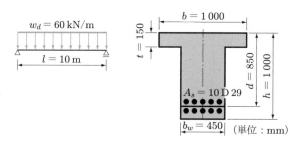

図 4.16　断面図

解

$A_s = 10\,\text{D}\,29 = 6\,424\,\text{mm}^2$, $n = 7.14$

最大曲げモーメント M_d は，次式で計算できる．

$$M_d = \frac{w_d l^2}{8} = \frac{60\times 10^2}{8} = 750\,\text{kN·m} = 7.50\times 10^8\,\text{N·mm}$$

中立軸の位置 x は，式 (4.83) から，

$$\begin{aligned}x &= \frac{1}{b_w}\Big[-\{(b-b_w)t + nA_s\} \\ &\quad + \sqrt{\{(b-b_w)t + nA_s\}^2 + b_w\{(b-b_w)t^2 + 2nA_s d\}}\Big] \\ &= \frac{1}{450}\times\Big[-\{(1\,000-450)\times 150 + 7.14\times 6\,424\} \\ &\quad + \sqrt{\{(1\,000-450)\times 150 + 7.14\times 6\,424\}^2 + 450\times\{(1\,000-450)\times 150^2 + 2\times 7.14\times 6\,424\times 850\}}\Big] \\ &= 245.9\,\text{mm}\end{aligned}$$

$x > t$ となり，中立軸が腹部内にあるため T 形断面として計算する．

中立軸に関する換算断面二次モーメント I_i は，式 (4.84) より，

$$I_i = \frac{1}{3}\{bx^3 - (b-b_w)(x-t)^3\} + nA_s(d-x)^2$$
$$= \frac{1}{3} \times \{1\,000 \times 245.9^3 - (1\,000 - 450) \times (245.9 - 150)^3\}$$
$$\qquad + 7.14 \times 6\,424 \times (850 - 245.9)^2$$
$$= 2.153 \times 10^{10}\,\text{mm}^4$$

なお，x および I_i を近似式 (4.85) および式 (4.86) より求めると，つぎのようになる.

$$x = \frac{bt^2/2 + nA_sd}{bt + nA_s} = \frac{(1\,000 \times 150^2)/2 + 7.14 \times 6\,424 \times 850}{1\,000 \times 150 + 7.14 \times 6\,424}$$
$$= 256.5\,\text{mm}$$
$$I_i = \frac{b}{3}\{x^3 - (x-t)^3\} + nA_s(d-x)^2$$
$$= \frac{1\,000}{3}\{256.5^3 - (256.5 - 150)^3\} + 7.14 \times 6\,424(850 - 256.5)^2$$
$$= 2.138 \times 10^{10}\,\text{mm}^4$$

以上から，厳密式と近似式の差は小さく，近似式によって計算しても問題がない．コンクリートの圧縮縁応力度 σ'_c および鉄筋の引張応力度 σ_s は，つぎのとおりである.

$$\sigma'_c = \frac{M_d}{I_i}x = \frac{7.50 \times 10^8}{2.153 \times 10^{10}} \times 245.9 = 8.57\,\text{N/mm}^2$$
$$\sigma_s = n\sigma'_c\frac{d-x}{x} = 7.14 \times 8.57 \times \frac{850 - 245.9}{245.9} = 150\,\text{N/mm}^2$$

4.5.2 ひび割れ幅の検討

コンクリートの引張強度は，その圧縮強度に比較して非常に小さいため，鉄筋コンクリート部材では，曲げモーメントを受けると引張側に曲げひび割れが発生する．図 4.17 に示す曲げ部材では，**ひび割れ間隔** (crack spacing) と**ひび割れ幅** (crack width) が，耐久性，水密性，使用性などといった部材の要求性能上，過大とならないよう制限する必要がある．ひび割れ幅は，一般に耐久性や外観の面から，屋外構造物では 0.3 mm

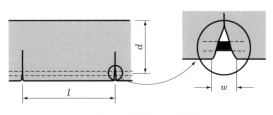

図 4.17 曲げ部材のひび割れ

くらいまで許容される.

曲げひび割れ幅 w と,ひび割れ間隔 l の関係は,次式で表される.

$$w = l(\varepsilon_s - \varepsilon_c) \tag{4.90}$$

ここに,ε_s:ひび割れ間における鉄筋の平均ひずみ,ε_c:ひび割れ間のコンクリート表面における平均ひずみである.

示方書設計編では,曲げひび割れ幅を次式で与えている.

$$w = 1.1 k_1 k_2 k_3 \{4c + 0.7(c_s - \phi)\}\left(\frac{\sigma_{se}}{E_s}\left(\text{または}\frac{\sigma_{pe}}{E_p}\right) + \varepsilon'_{csd}\right) \tag{4.91}$$

$$k_2 = \frac{15}{f'_c + 20} + 0.7 \tag{4.92}$$

$$k_3 = \frac{5(n+2)}{7n+8} \tag{4.93}$$

ここに,k_1:鋼材の表面形状がひび割れ幅におよぼす影響を表す係数(一般に,異形鉄筋の場合に 1.0,普通丸鋼および PC 鋼材の場合に 1.3 としてよい),k_2:コンクリートの品質がひび割れ幅におよぼす影響を表す係数(式 (4.92) による),f'_c:コンクリートの圧縮強度 [N/mm²](一般に設計圧縮強度 f'_{cd} を用いてよい),k_3:引張鋼材の段数の影響を表す係数(式 (4.93) による),n:引張鋼材の段数,c:かぶり [mm],c_s:鋼材の中心間隔 [mm],ϕ:鋼材径 [mm],ε'_{csd}:コンクリートの収縮およびクリープなどによるひび割れ幅の増加を考慮するための数値,σ_{se}:鋼材位置のコンクリートの応力度が 0 の状態からの鉄筋応力度の増加量 [N/mm²],σ_{pe}:鋼材位置のコンクリートの応力度が 0 の状態からの PC 鋼材応力度の増加量 [N/mm²] である.

式 (4.91) によって計算した曲げひび割れ幅 w は,ひび割れ幅の限界値 w_a 以下でなければならない.すなわち,$w \leqq w_a$ になることを照査すればよい.ひび割れ幅については,耐久性に関する照査と外観に対する照査が行われる.

ひび割れについては,このほかにせん断ひび割れおよびねじりひび割れが考えられるが,本書では省略する.

例題 4.9 例題 4.6 に示した単鉄筋長方形断面のはりに,曲げモーメント $M = 200\,\text{kN·m}$ が生じるとき,曲げひび割れ幅による外観の照査をせよ.図 4.18 に配筋の詳細を示す.この場合のひび割れ幅の設計限界値 w_a は 0.3 mm とする.ここで,$\varepsilon'_{csd} = 150 \times 10^{-6}$,$E_s = 200\,\text{kN/mm}^2$,$\gamma_i = 1.0$ とする.

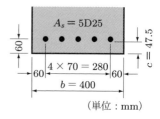

図 4.18 配筋の詳細

解

例題 4.6 より, 鉄筋の引張応力 $\sigma_{se} = \sigma_s = 138\,\mathrm{N/mm^2}$, 鉄筋の中心間隔 $c_s = 70.0\,\mathrm{mm}$, かぶり $c = 47.5\,\mathrm{mm}$, 段数 $n = 1$ である. ひび割れ幅 w は, 以下のように求められる.

$$k_1 = 1.0, \quad k_2 = \frac{15}{30/1.0+20}+0.7 = 1.0, \quad k_3 = \frac{5(1+2)}{7\times1+8} = 1.0$$

$$w = 1.1k_1k_2k_3\left\{4c+0.7(c_s-\phi)\right\}\left(\frac{\sigma_{se}}{E_s}+\varepsilon'_{csd}\right)$$

$$= 1.1\times1.0\times1.0\times1.0\times\left\{4\times47.5+0.7\times(70.0-25)\right\}$$

$$\times\left(\frac{138}{200\times10^3}+150\times10^{-6}\right)$$

$$= 0.20\,\mathrm{mm}$$

$$\gamma_i\cdot\frac{w}{w_a} = 1.0\times\frac{0.20}{0.3} = 0.7 \leqq 1.0$$

以上から, 曲げひび割れ幅は外観の照査を満足している.

4.5.3 変位・変形に対する検討

構造物の変位・変形は, その変位・変形量が, 構造物の使用性や機能性を満足する程度に抑えられていることを照査する必要がある. 変位・変形は, 活荷重などの短期的な作用による変位・変形(短期たわみ)と, 死荷重などの長期的な持続作用による変位・変形(長期たわみ)に分けられる.

ここでは, 鉄筋コンクリートばりのたわみを弾性理論によって計算する方法を述べる. 鉄筋コンクリートばりのたわみを計算するには, ひび割れによる**曲げ剛性** (aexural rigidity) の低下を考慮する必要がある. 曲げ剛性 (EI) は, ひび割れ発生による断面二次モーメント I の変化をどのように評価するかが問題であり, ひび割れ発生領域ではコンクリートの引張側を無視した換算断面二次モーメント I_i を用い, ひび割れ発生のない領域では全断面を有効とした換算断面二次モーメント I_g を用いなければならない. しかし, 計算を簡単にするため, 通常は, スパン全長にわたって一定とした平均的な有効断面二次モーメント I_e を用いた曲げ剛性が採用されることが多い. 有効断面二次モーメント I_e については, いくつかの式が提案されているが, つぎに示すブロンソン (Branson) の式がよく用いられる.

a) I_e を曲げモーメントの大きさによって変化させる場合

$$I_e = \left(\frac{M_{crd}}{M_d}\right)^4 I_g + \left\{1-\left(\frac{M_{crd}}{M_d}\right)^4\right\}I_{cr} \tag{4.94}$$

ここに, M_d:短期または長期の設計曲げモーメント [N·mm], M_{crd}:ひび割れ発生モーメント [N·mm], I_g:全断面を有効とした換算断面二次モーメント [mm^4], I_{cr}:

コンクリートの引張側を無視した換算断面二次モーメント [mm^4] である.

b) I_e を部材全長にわたって一定とする場合

$$I_e = \left(\frac{M_{crd}}{M_{d\max}}\right)^3 I_g + \left\{1 - \left(\frac{M_{crd}}{M_{d\max}}\right)^3\right\} I_{cr} \tag{4.95}$$

ここに,$M_{d\max}$:たわみ計算における設計曲げモーメントの最大値 [N·mm] である.

モールの定理を適用すると,$M/E_c I_i$ を載荷させて,その曲げモーメントを計算すれば,それがたわみである.曲げひび割れがはりに発生するときの抵抗モーメント,すなわち,ひび割れ発生モーメント M_{cr} [N·mm] は,次式で求められる.

$$M_{cr} = f_{bcd}\frac{I_g}{y_t} \tag{4.96}$$

ここに,f_{bcd}:コンクリートの設計曲げひび割れ強度 [N/mm^2](式 (2.7) による),y_t:断面の図心から引張縁までの距離 [mm] である.

ヤング係数は次式に示す有効ヤング係数 E_e [N/mm^2] が使用される.

$$E_e = \frac{E_{ct}}{1+\phi} = \frac{E_{ct}}{1 + (E_{ct}/E_c)\phi_{28}} \tag{4.97}$$

ここに,E_{ct}:死荷重作用時のヤング係数 [N/mm^2],ϕ:載荷時材齢のヤング係数から求めたクリープ係数,E_c:材齢 28 日のヤング係数 [N/mm^2],ϕ_{28}:材齢 28 日のヤング係数から求めたクリープ係数である.

断面にひび割れが生じていない場合の長期たわみは,永続作用によるコンクリートのクリープによって付加されたたわみを考慮し,近似的に次式によって求めることができる.

$$\delta_l = (1+\phi)\delta_{cp} \tag{4.98}$$

ここに,δ_l:長期のたわみ [mm],ϕ:クリープ係数,δ_{cp}:永続作用による短期たわみ [mm] である.

以上によって求められた短期または長期のたわみが,それぞれの許容たわみ以下となることを確かめなければならない.

例題 4.10 図 4.19 に示すスパン $l = 10\,\mathrm{m}$ の単純ばりに等分布荷重 $w_d = 20\,\mathrm{kN/m}$ が作用するとき,短期たわみを求めよ.断面は,例題 4.6 に示した単鉄筋長方形断面とする.有効断面二次モーメント I_e は,はり全長にわたって一定とする.$f'_{ck} = 30\,\mathrm{N/mm^2}$,$d_{\max} = 20\,\mathrm{mm}$,$\gamma_c = 1.0$ である.

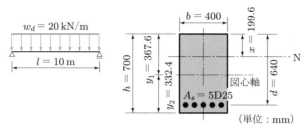

図 4.19 単純ばり長方形断面

解

（1）断面諸値

例題 4.6 を参照し，$E_c = 28\,\text{kN/mm}^2$，$n = 7.14$，$x = 199.6\,\text{mm}$ である．

図心から上縁までの距離 y_1 および図心から下縁までの距離 y_2 は，

$$y_1 = \frac{bh^2/2 + nA_s d}{bh + nA_s} = \frac{(400 \times 700^2)/2 + 7.14 \times 2\,533 \times 640}{400 \times 700 + 7.14 \times 2\,533}$$
$$= 367.6\,\text{mm}$$

$$y_2 = h - y_1 = 700 - 367.6 = 332.4\,\text{mm}$$

となる．全断面を有効とした換算断面二次モーメント I_g は，以下となる．

$$I_g = \frac{b}{3}(y_1{}^3 + y_2{}^3) + nA_s(d - y_1)^2$$
$$= \frac{400}{3} \times (367.6^3 + 332.4^3) + 7.14 \times 2\,533 \times (640 - 367.6)^2$$
$$= 1.29 \times 10^{10}\,\text{mm}^4$$

ひび割れ断面の換算断面二次モーメント I_{cr} は，例題 4.6 の I_i に等しいから，次式となる．

$$I_{cr} = 4.57 \times 10^9\,\text{mm}^4$$

（2）曲げモーメント

設計曲げモーメントの最大値 $M_{d\max}$ は，スパン中央において生じる．

$$M_{d\max} = \frac{w_d l^2}{8} = \frac{20 \times 10^2}{8} = 250\,\text{kN·m} = 2.50 \times 10^8\,\text{N·mm}$$

設計曲げひび割れ強度 f_{bcd} は，以下より求める．

$$G_F = 10 \cdot d_{\max}{}^{1/3} \cdot f'_{ck}{}^{1/3} = 10 \times 20^{1/3} \times 30^{1/3} = 84.3\,\text{N/m}$$

$$l_{ch} = \frac{G_F \cdot E_c}{f_{tk}{}^2} = \frac{84.3 \times 10^{-3} \times 28\,000}{(0.23 \times 30^{2/3})^2} = 479\,\text{mm}$$

$$k_{0b} = 1 + \frac{1}{0.85 + 4.5(h/l_{ch})} = 1 + \frac{1}{0.85 + 4.5(0.70/0.479)} = 1.13$$

$$k_{1b} = \frac{0.55}{\sqrt[4]{h}} = \frac{0.55}{\sqrt[4]{0.70}} = 0.601$$

$$f_{bcd} = \frac{0.23 k_{0b} k_{1b} f'_{ck}{}^{2/3}}{\gamma_c} = \frac{0.23 \times 1.13 \times 0.601 \times 30^{2/3}}{1.0} = 1.51\,\text{N/mm}^2$$

ひび割れ発生モーメント M_{crd} は，以下で求められる．

$$M_{crd} = \gamma_b \cdot M_{cr} = \gamma_b f_{bcd} \frac{I_g}{y_2} = 1.0 \times 1.51 \times \frac{1.29 \times 10^{10}}{332.4}$$

$$= 5.86 \times 10^7\,\text{N} \cdot \text{mm}$$

したがって，有効断面二次モーメントは以下のようになる．

$$I_e = \left(\frac{M_{crd}}{M_{d\max}}\right)^3 I_g + \left\{1 - \left(\frac{M_{crd}}{M_{d\max}}\right)^3\right\} I_{cr}$$

$$= \left(\frac{5.86 \times 10^7}{2.50 \times 10^8}\right)^3 \times 1.29 \times 10^{10} + \left\{1 - \left(\frac{5.86 \times 10^7}{2.50 \times 10^8}\right)^3\right\} \times 4.57 \times 10^9$$

$$= 4.68 \times 10^9\,\text{mm}^4$$

（3）短期たわみの最大値

　ここでは，死荷重作用時のヤング係数 E_{ct} と，材齢 28 日のヤング係数 E_c は等しく，材齢 28 日におけるクリープ係数は 0 とする．したがって，有効ヤング係数 $E_e = E_{ct} = E_c = 28\,\text{kN/mm}^2$ として計算する．

$$\delta_{\max} = \frac{5}{384} \cdot \frac{w_d l^4}{E_c I_e} = \frac{5}{384} \times \frac{20 \times 10\,000^4}{28 \times 10^3 \times 4.68 \times 10^9} = 19.9\,\text{mm}$$

▬ 演習問題 ▬

4.1　$b = 400\,\text{mm}$，$h = 600\,\text{mm}$，$d = 550\,\text{mm}$，$A_s = 5\,\text{D}\,25$（SD 295 A）の単鉄筋長方形断面を有するスパン 7 m の単純ばりが，永続作用 w_p（自重のみ）と変動作用 w_r を受ける場合について，つぎの問いに答えよ．ただし，この部材の単位重量は $24\,\text{kN/m}^3$ であり，$f'_{ck} = 30\,\text{N/mm}^2$，$f_{yk} = 295\,\text{N/mm}^2$ とする．

（1）通常の使用時における中立軸の位置 x および中立軸に関する換算断面二次モーメント I_i を求めよ．

（2）永続作用 w_p と変動作用 $w_r = 17.5\,\text{kN/m}$ とが生じたとき，設計曲げモーメント M_d を求めよ．

（3）（2）で求めた M_d が生じたとき，通常の使用時におけるコンクリートおよび鉄筋の曲げ応力度 σ'_c，σ_s を求めよ．

（4）断面破壊時における破壊形式を確認し，鉄筋比については示方書設計編の基準と対比せよ．ただし，$\gamma_c = 1.3$，$\gamma_s = 1.0$ とする．

（5）永続作用 w_p と変動作用 $w_r = 35\,\text{kN/m}$ が作用したとき，断面破壊時における設計曲げ耐力 M_{ud} を求め，断面破壊時に対する安全性を照査せよ．ただし，$\gamma_b = 1.1$，

$\gamma_{fp} = 1.0$, $\gamma_{fr} = 1.1$, $\gamma_i = 1.1$ とする.

4.2 図 4.20 に示す複鉄筋長方形断面（上下同一筋量 $A_s = A'_s = 5\,\mathrm{D}\,25$）を有する部材について，つぎの問いに答えよ．ただし，$f'_{ck} = 30\,\mathrm{N/mm^2}$, $f_{yk} = f'_{yk} = 295\,\mathrm{N/mm^2}$ とする.

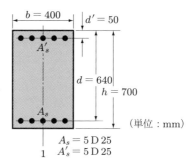

図 4.20 複鉄筋長方形断面

(1) 通常の使用時における中立軸の位置 x および中立軸に関する換算断面二次モーメント I_i を求めよ.

(2) $M_d = 150\,\mathrm{kN\cdot m}$ が生じるとき，通常の使用時におけるコンクリートの応力度 σ'_c および鉄筋の応力度 σ'_s, σ_s を求めよ.

(3) 断面破壊時における設計曲げ耐力 M_{ud} を求めよ．ただし，$\gamma_c = 1.3$, $\gamma_s = 1.0$, $\gamma_b = 1.1$ とする.

(4) 設計曲げモーメント $M_d = 350\,\mathrm{kN\cdot m}$ が生じるとき，断面破壊時に対する安全性を照査せよ．ただし，$\gamma_i = 1.1$ とする.

4.3 $b = 1400\,\mathrm{mm}$, $b_w = 500\,\mathrm{mm}$, $t = 160\,\mathrm{mm}$, $d = 900\,\mathrm{mm}$, $A_s = 16\,\mathrm{D}\,32$ (SD 390) の単鉄筋 T 形断面について，つぎの問いに答えよ．ただし，$f'_{ck} = 30\,\mathrm{N/mm^2}$, $f_{yk} = 390\,\mathrm{N/mm^2}$ とする.

(1) 通常の使用時における中立軸の位置 x，中立軸に関する換算断面二次モーメント I_i およびアーム長 z を求めよ.

(2) 曲げモーメント $M_d = 1.2\,\mathrm{MN\cdot m}$ (1 200 kN·m) が生じるとき，通常の使用時におけるコンクリートおよび鉄筋の応力度 σ'_c および σ_s を求めよ.

(3) 断面破壊時において，単鉄筋 T 形断面の計算が適用できることを確認したあと，等価応力ブロックの高さ a を求めよ．ただし，$\gamma_c = 1.3$, $\gamma_s = 1.0$ とする.

(4) この断面の鉄筋比と釣合い鉄筋比とを対比し，破壊形式を確かめよ.

(5) 設計曲げ耐力 M_{ud} を求めよ．ただし，$\gamma_b = 1.1$ とする.

(6) $M_d = 3\,\mathrm{MN\cdot m}$ (3 000 kN·m) が生じるとき，断面破壊時に対する安全性を照査せよ．ただし，$\gamma_i = 1.1$ とする.

4.4 図 4.21 に示す単鉄筋長方形断面を有する片持ばりの最大たわみについて，つぎの問いに答えよ．ただし，$f'_{ck} = 40\,\mathrm{N/mm^2}$，コンクリート死荷重作用時のヤング係数 E_{ct} は材齢 28 日のヤング係数 E_c と同一とし，$\phi = 2.0$, $d_{max} = 20\,\mathrm{mm}$ とする.

(1) 永続作用 $w_d = 7.5\,\mathrm{kN/m}$ および変動作用（集中荷重）$P = 40\,\mathrm{kN}$ による短期たわみを求めよ.

(2) 永続作用による長期たわみを求めよ.

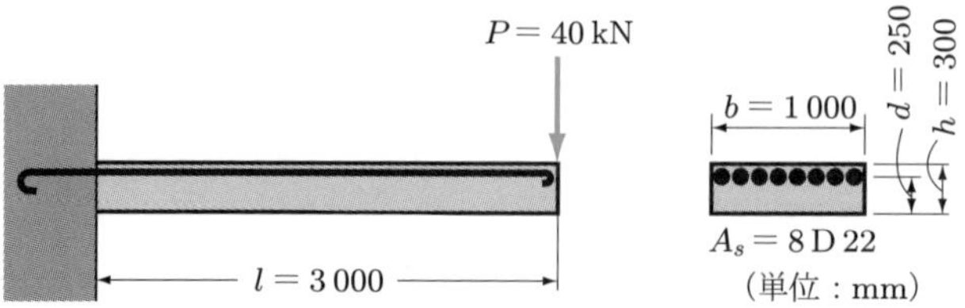

図 4.21 単鉄筋長方形断面を有する片持ばり

第**5**章

せん断力を受ける部材の設計

　鉄筋コンクリートばりなどの棒部材は，せん断応力と曲げ応力との合成応力である主引張応力によって，斜めひび割れが生じてせん断破壊をすることがある．

　せん断破壊は，曲げ破壊に比べて破壊が急激で構造物に致命的な損傷を与えることが多く，この種の破壊は防止しなければならない．

　この章では，棒部材に斜めひび割れの発生を誘起する主引張応力について説明するとともに，斜めひび割れの進展状況の違いによってせん断破壊形式を大別する．つぎに，せん断耐荷機構のメカニズムとトラス理論について説明し，さらに示方書設計編に準じたせん断耐力の算定方法について記す．

5.1 挙 動

　鉄筋コンクリートやプレストレストコンクリートのはり，柱などの棒部材に曲げモーメントが作用すると，軸に直角方向に入る曲げひび割れのほかに，斜め方向に入るひび割れ（以下，斜めひび割れ）が生じ，これが原因で破壊することが少なくない（図 5.1 参照）．この破壊をせん断破壊という．

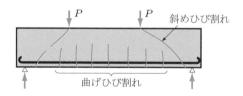

図 5.1　はり部材のひび割れ発生状況

　コンクリートは，引張応力に対してはきわめて弱いが，せん断応力に対してはかなり抵抗できるので，鉄筋コンクリートなどの棒部材はせん断応力そのものによって破壊することはまずないが，せん断応力と曲げ応力（直応力）との合成応力である主引張応力（斜め引張応力）がコンクリートの引張強度に達すると，主引張応力の作用方向と直角方向に斜めひび割れが生じてせん断破壊する．

　斜めひび割れは，図 5.2 に示すように，（a）腹部せん断ひび割れと，（b）曲げせん断ひび割れに大別される．

　前者は，曲げひび割れが生じていない領域において，中立軸付近から斜め上下方向に

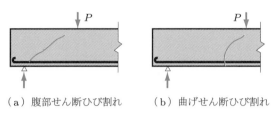

（a）腹部せん断ひび割れ　　（b）曲げせん断ひび割れ

図 5.2　せん断ひび割れの種類

向かって進展するひび割れである．後者は，曲げひび割れとして発達したものが，せん断と曲げの影響で傾斜するひび割れである．

5.2　せん断破壊形式

はりのせん断破壊形式を大別すると，四つのタイプがある（図 5.3 参照）．

（1）斜め引張破壊（diagonal tension failure）

図 5.3（a）に示すように，腹部コンクリートに斜めひび割れが発達し，せん断補強鋼材が配置されていない場合は，ひび割れ発生と同時にはりは急激にせん断破壊する．

（2）せん断圧縮破壊（shear compression failure）

図 5.3（b）に示すように，曲げひび割れが中立軸付近で傾斜しながら圧縮部に進展し，圧縮域がしだいに減少して曲げ圧縮破壊が生じる．

（3）せん断引張破壊（shear tension failure）

斜めひび割れ発生後，鋼材の付着破壊によるコンクリートの割裂あるいはひび割れ開口部での鋼材のダウエル作用によるコンクリートの割裂によって破壊する（図 5.3（c）参照）．

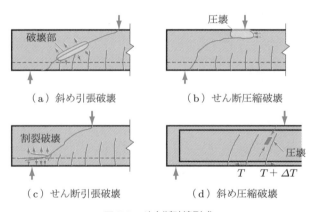

（a）斜め引張破壊　　　　　（b）せん断圧縮破壊

（c）せん断引張破壊　　　　（d）斜め圧縮破壊

図 5.3　せん断破壊形式

（4）斜め圧縮破壊 （web crushing failure）

斜めひび割れ間の腹部コンクリートが，斜め圧縮応力により圧縮破壊するものである（図 5.3（d）参照）.

これらのせん断破壊形式を，はりの a/d 比（せん断スパン有効高さ比 $= a/d = aV/dV = M/Vd$）との関係で分類すると，おおよそ図 5.4 のようになる.

ここに，M：曲げモーメント，V：せん断力である.

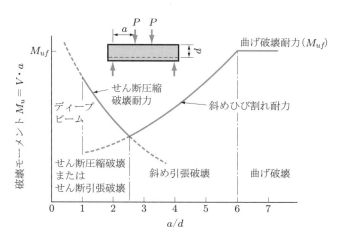

図 5.4 せん断破壊形式・耐力と a/d との関係
(ASCE-ACI Task Committee 426: Proc. of ASCE, ST6, 1973) [5]

5.3 主引張応力度

はりなどの棒部材に荷重が作用すると，部材の各断面には曲げモーメント M によって直応力度 σ（式 (5.1)）のほかに，せん断応力度 τ（式 (5.2)）が生じ，この両応力が組み合わさって主応力度 σ_p（式 (5.3)）が生じる.

$$\sigma = \frac{My}{I} \tag{5.1}$$

$$\tau = \frac{VG}{Ib} \tag{5.2}$$

$$\sigma_p = \frac{\sigma}{2} \pm \sqrt{\left(\frac{\sigma}{2}\right)^2 + \tau^2} \tag{5.3}$$

ここに，y：断面の考えている位置から中立軸までの距離 [mm]，I：中立軸に関する断面二次モーメント [mm^4]，b：考えている位置での断面幅 [mm]，V：考えている断面におけるせん断力 [N]，G：断面の考えている位置から上側または下側の断面部分の

中立軸に関する断面一次モーメント $[\mathrm{mm}^3]$ である.

式 (5.3) 中 + 符号をとると主引張応力度 ($= \sigma_1$), − 符号をとると主圧縮応力度 ($= \sigma_2$) となる. 鉄筋コンクリートなどで重要視されるのは, 主引張応力度 σ_1 である.

また, 部材軸に対する主引張応力の傾斜角 θ は式 (5.4) から求められる.

$$\tan 2\theta = \frac{2\tau}{\sigma} \tag{5.4}$$

鉄筋コンクリートばりの場合, 中立軸およびそれ以下では $\sigma = 0$ であるから, σ_1 の値は τ と等しくなる. そして, 鉄筋コンクリートばりでは中立軸で G は最大値となるから, 断面幅が一定の場合には τ は中立軸で最大値 $\tau_{\max}$ となり, σ_1 は $\tau_{\max}$ に等しい. また, 主引張応力の方向は水平と 45° 方向となる.

$$\sigma_1 = \tau = \tau_{\max} \tag{5.5}$$

$$\theta = 45° \tag{5.6}$$

一例として, 等分布荷重が作用する長方形断面はり部材に対し, 式 (5.3), (5.4) から求められる主応力線図を図 5.5 に示す. 主応力線は図のように中立軸と 45° の角度で交わる.

斜めひび割れは, 鉄筋コンクリートばりの中立軸に対して $\theta = 45°$ 程度傾斜して入る. この斜めひび割れの発生は主引張応力によると考えられ, また, 中立軸では式 (5.5) に示すように, 主引張応力度 σ_1 はせん断応力度 τ に等しいので, 主引張応力による破壊をせん断破壊と称している.

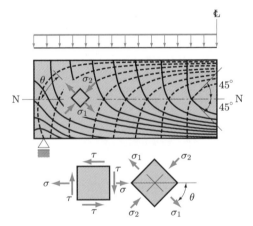

図 5.5　等分布荷重を受ける等質なはり部材の主応力線
(R. Park and T. Paulay: A Wiley-Interscience Publication, 1975) [6]

5.4 棒部材の設計せん断力およびせん断応力度

　鉄筋コンクリートばりなどの棒部材では，曲げモーメントの増減に応じるように，有効高さを増減して設計することが多い．このように，高さの変化する棒部材のせん断応力度 τ は，つぎのようにして求められる．

　図 5.6 において，圧縮合力および引張合力の水平分力をそれぞれ C'，T とすると，

$$\left. \begin{array}{l} C' = T = \dfrac{M}{z} = \dfrac{M}{j \cdot d} \\[2mm] dT = \dfrac{z \cdot dM - M \cdot dz}{z^2} \end{array} \right\} \tag{5.7}$$

となる．はりの微小な長さを dl とすれば，次式を得る．

$$\frac{dT}{dl} = \frac{1}{z}\frac{dM}{dl} - \frac{M}{z^2}\frac{dz}{dl} \tag{5.8}$$

　一方，

$$\frac{dM}{dl} = V, \qquad \frac{dz}{dl} = j\frac{d(d)}{dl} = j \cdot (\tan \alpha_c + \tan \alpha_t) \tag{5.9}$$

であり，また，

$$\frac{dT}{dl} = \tau \cdot b_w \tag{5.10}$$

となる．ここで，d：有効高さ [mm]，α_c：部材圧縮縁が部材軸となす角度 [°]，α_t：引張鋼材が部材軸となす角度 [°] である．なお，α_c および α_t は，曲げモーメントの絶対値が増すに従って有効高さが増す場合に正，減少する場合に負とする．また，b_w：中立軸でのはりの幅であるから，次式となる．

$$\tau \cdot b_w = \frac{V}{z} - \frac{M}{z^2} \cdot j \cdot (\tan \alpha_c + \tan \alpha_t) \tag{5.11}$$

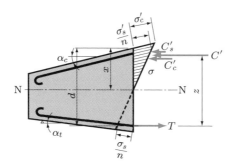

図 5.6 高さが変化する棒部材

ゆえに，次式を得る.

$$\tau = \frac{1}{b_w \cdot z} \cdot \left\{ V - \frac{M}{d} \cdot (\tan \alpha_c + \tan \alpha_t) \right\}$$
$$= \frac{V_1}{b_w \cdot z} \tag{5.12}$$

上式は，曲げモーメントの絶対値の増加にともない，はりの有効高さが増加するときは，有効高さが一定である場合のせん断力 V の代わりに $V_1 = V - (M/d)(\tan \alpha_c + \tan \alpha_t)$ を用いればよいことを示している．なお，曲げモーメントの増加にともない，はりの有効高さが減少する場合には dz/dl は負になるので，$V_1 = V + (M/d)(\tan \alpha_c + \tan \alpha_t)$ を用いる.

以上の考え方により，部材高さが変化する棒部材の設計せん断力 V_d は，曲げ圧縮力および曲げ引張力のせん断に平行な成分 V_{hd} を減じて算定する.

$$V_d = V - V_{hd}$$
$$V_{hd} = \frac{M_d}{d}(\tan \alpha_c + \tan \alpha_t) \tag{5.13}$$

ここに，M_d：設計せん断力作用時の曲げモーメント [N·mm] である．図 5.7 に，部材の有効高さが増減する場合の設計せん断力 V_d の算定例を示す.

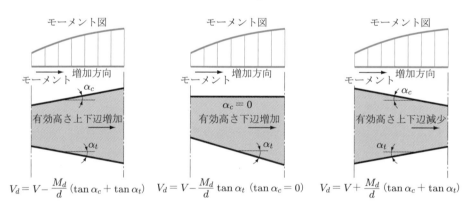

図 5.7　部材の有効高さの増減にともなう設計せん断力の算定例

また，せん断補強鋼材は，一般に中立軸における主引張応力度，すなわちせん断応力度 $\tau = V/b_w z$ を基準にして配置する方法がとられている.

しかし，腹部の薄い部材以外は，上述の腹部せん断ひび割れよりもむしろ曲げせん断ひび割れを生じることが多い．この場合は，次式に示す平均せん断応力度 τ_m を用いたほうが実験値とよく合うといわれている.

$$\tau_m = \frac{V}{b_w \cdot d} \tag{5.14}$$

示方書設計編ならびに道路橋示方書[7]では，いずれも τ_m を採用している．

例題 5.1 図 5.8 の片持ばりに自重を含めて $w = 30\,\mathrm{N/mm}$ の等分布荷重が作用したとき，A–A′ 断面での設計せん断力 V_d を求めよ．

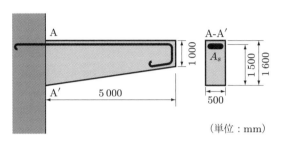

（単位：mm）

図 5.8　長方形断面片持ばり

解

A–A′ 断面での曲げモーメント：M_A

$$M_A = \frac{wl^2}{2} = \frac{30 \times 5\,000^2}{2} = -375\,\mathrm{kN \cdot m}$$

A–A′ 断面でのせん断力：V_A

$$V_A = wl = 30 \times 5\,000 = 1.5 \times 10^2\,\mathrm{kN}$$

設計せん断力：V_d

$$V_d = V_A - \frac{M_A}{d}(\tan\alpha_c + \tan\alpha_t)$$
$$= 1.5 \times 10^2 - \frac{3.75 \times 10^5}{1\,500} \times \frac{1\,600 - 1\,000}{5\,000} = 1.2 \times 10^2\,\mathrm{kN}$$

5.5 せん断補強鋼材を有しない棒部材のせん断耐力

5.5.1 せん断補強鋼材を有しない棒部材のせん断抵抗のメカニズム

せん断補強鋼材（5.6.1 項参照）を配置していない棒部材の場合，通常 $1.5 < a/d < 6$ の範囲では，曲げ耐力には到達せず，せん断破壊が先行する．

棒部材のせん断抵抗は，これまでの研究から，ビーム作用とアーチ作用の二つの異なったメカニズムで説明できる．

　ビーム作用とは，図 5.9 に示すように，隣接したひび割れによって区切られたコンクリート部分を，はりの圧縮部に固定された片持ばりと考える．このとき，鋼材の引張力の差で表される付着力 $\Delta T = T_1 - T_2$ によって固定端に曲げモーメントが生じ，この曲げモーメントが，片持ばりの固定端でのコンクリートの曲げ抵抗 M_c と同時に，骨材のかみ合わせ作用 v_{a1}, v_{a2} および鋼材のダウエル作用 v_{d1}, v_{d2} によって抵抗される状態をいう．さらに斜めひび割れが圧縮域に進展していくと，ダウエル作用によって鋼材位置でのコンクリートのはく離を生じる．このような状態になると，骨材のかみ合わせ抵抗も急激に減少し，ついにはせん断引張破壊や斜め引張破壊を生じることになる．

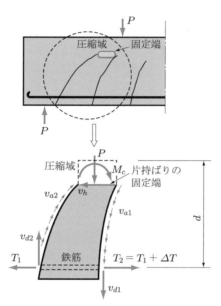

図 5.9　ビーム作用（ひび割れ間のコンクリートブロックを片持ばりと考える）
(ASCE-ACI Task Committee 426: Proc. of ASCE, ST6, 1973) [5]

　アーチ作用とは，ビーム作用の消失後，鋼材とコンクリートの付着が破壊されると，部材は引張鋼材をアーチのタイ材とし，支点部を定着部としたタイドアーチを形成し，せん断力に抵抗する場合をいう（図 5.10 参照）．

　アーチ作用の破壊には，圧縮部への斜めひび割れの進展により，コンクリートが圧縮破壊する場合（せん断圧縮破壊）や，ビーム作用消失後にアーチ作用により，最終的にコンクリートの斜め圧縮破壊あるいは作用点と支点を結ぶ線に沿って割裂引張破壊が生じる場合がある．

　通常，棒部材のせん断抵抗はビーム作用とアーチ作用とによるが，両作用を単純に加算して求められるものではない．

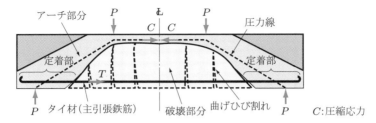

図 5.10　アーチ作用
(ASCE-ACI Task Committee 426: Proc. of ASCE, ST6, 1973) [5]

5.5.2　せん断補強鋼材を有しない棒部材の設計せん断耐力

$2.5 < a/d < 6$ の範囲のせん断補強鋼材を有しない棒部材のせん断耐力は，コンクリートの引張強度，骨材のかみ合わせ作用，あるいはダウエル効果などの諸要因の影響を受けることが現在までに明らかにされている．

示方書設計編では，せん断補強鋼材を有しない棒部材の設計せん断耐力 V_{cd} として，コンクリート強度，部材高さおよび鉄筋比の影響を考慮して次式を与えている．

$$V_{cd} = \frac{\beta_d \cdot \beta_p \cdot f_{vcd} \cdot b_w \cdot d}{\gamma_b} \tag{5.15}$$

ここに，

$$f_{vcd} = 0.20 \sqrt[3]{f'_{cd}} \quad [\mathrm{N/mm^2}] \quad (ただし，\ f_{vcd} \leqq 0.72\,\mathrm{N/mm^2}) \tag{5.16}$$

$$\beta_d = \sqrt[4]{\frac{1\,000}{d}} \qquad (d\text{:}\,[\mathrm{mm}],\ \ \beta_d > 1.5 \text{ の場合は } \beta_d = 1.5) \tag{5.17}$$

$$\beta_p = \sqrt[3]{100 p_v} \qquad (\beta_p > 1.5 \text{ の場合は } \beta_p = 1.5) \tag{5.18}$$

であり，b_w：腹部の幅 [mm]（図 5.11 参照），d：有効高さ [mm]，A_s：引張側鋼材の断面積 [mm²]，p_v：鉄筋比 $(= A_s/b_w d)$，f'_{cd}：コンクリートの設計圧縮強度 [N/mm²] $(= f'_{ck}/\gamma_c,\ \gamma_c = 1.3)$，$\gamma_b$：部材係数（この場合には 1.3 としてよい）である．

β_d は，せん断耐力に関して部材高さが高くなるとせん断耐力が低下するという寸法効果の影響，β_p は，ダウエル効果をそれぞれ考慮したものである．

式 (5.15) は，普通コンクリートに対するものであり，軽量骨材コンクリートではこの値の 70% としてよい．

なお，橋脚などのように，軸方向圧縮応力度がコンクリートの圧縮強度に対して小さい部材は，軸方向力の影響を斜めひび割れ発生荷重の増減によって考慮して，次式 (5.19) で設計せん断耐力を評価してもよい．

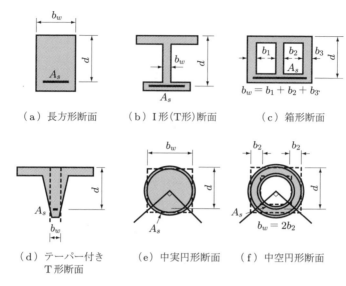

（a）長方形断面 （b）I 形（T 形）断面 （c）箱形断面

（d）テーパー付き （e）中実円形断面 （f）中空円形断面
　　　T 形断面

図 5.11 種々の断面形状に対する b_w, d のとり方
（土木学会コンクリート標準示方書，設計編，2017）

$$V_{cd} = \frac{\beta_d \cdot \beta_p \cdot \beta_n \cdot f_{vcd} \cdot b_w \cdot d}{\gamma_b} \tag{5.19}$$

$$\beta_n = 1 + \frac{2M_0}{M_{ud}} \quad (N'_d \geqq 0 \text{ の場合})$$

$$(\text{ただし，} \beta_n > 2 \text{ となる場合は 2})$$

$$\beta_n = 1 + \frac{4M_0}{M_{ud}} \quad (N'_d < 0 \text{ の場合})$$

$$(\text{ただし，} \beta_n < 0 \text{ となる場合は 0})$$

ここに，N'_d：設計軸方向圧縮力，M_{ud}：軸方向力を考慮しない純曲げ耐力，M_0：設計曲げモーメント M_d に対する断面引張縁において，軸方向力によって発生する応力を打ち消すのに必要な曲げモーメント（**ディコンプレッションモーメント** (decompression moment) とよぶ）である．

上記 β_n 以外の記号の説明および条件は，式 (5.15) と同じである．

5.6　せん断補強鋼材を有する棒部材のせん断耐力

5.6.1　せん断補強鋼材

　せん断補強鋼材を有しない鉄筋コンクリートばりなどの棒部材では，前述した斜めひび割れの発生によって，脆性的なせん断破壊をすることがある．この脆性破壊を防止するために配置するのが**せん断補強鋼材**であり，**腹鉄筋**あるいは**斜め引張鉄筋**ともよばれている．鉄筋コンクリートばりなどの棒部材のせん断補強鉄筋としては，図 5.12 に示すように，一般に**スターラップ** (stirrup) と**折曲げ鉄筋**を併用することが多い．

　スターラップは，斜めひび割れが発生するまではあまり有効にはたらかないが，ひび割れが一度発生すると，つぎのような役割を果たす．

① 斜めひび割れの進展を抑制し，圧縮部コンクリートのせん断抵抗を向上させる．
② ひび割れ幅の増大を抑制し，骨材のかみ合わせ作用によるせん断抵抗を向上させる．
③ 軸方向鋼材のダウエル作用によるせん断抵抗を向上させる．

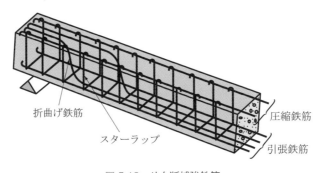

図 5.12　せん断補強鉄筋

5.6.2　せん断補強鉄筋が受けもつせん断耐力

　示方書設計編では，斜めひび割れ発生後のせん断補強鉄筋のスターラップおよび折曲げ鉄筋の分担作用は，それぞれ別形式のトラスの一部材と考えて，いわゆるトラス理論を採用している．

　トラス理論では，図 5.13 に示すように，スターラップをハウトラスの鉛直引張材，折曲げ鉄筋をワーレントラスの引張斜材，そして共通してコンクリートの圧縮部を上弦材，斜めひび割れ間のコンクリートを圧縮斜材，軸方向鋼材を下弦材に相当すると考えている．

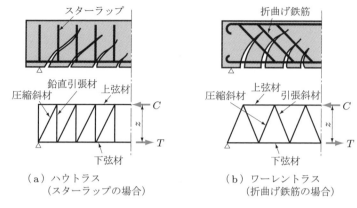

図 5.13　せん断補強鉄筋を有するはり部材のトラスモデル

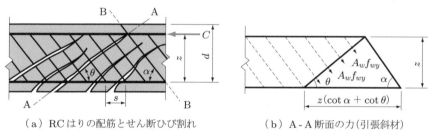

（a）RC はりの配筋とせん断ひび割れ　　　　（b）A‒A 断面の力（引張斜材）

図 5.14　せん断補強鉄筋の負担せん断力の算定

　このようなトラスモデルを用いて，いま図 5.14 において，軸線に対して角度 θ で斜めひび割れが発生している部材に対して，部材軸と角度 α，間隔 s でせん断補強鉄筋を配置した場合の負担せん断力を求める．

　図 5.14 において，一つのひび割れ面 A‒A に着目すると，このひび割れ面を横切るせん断補強鉄筋の組数 n は次式で与えられる．

$$n = \frac{z(\cot\alpha + \cot\theta)}{s} \tag{5.20}$$

せん断補強鉄筋の降伏時のせん断抵抗 V_s は，A‒A 面を横切るせん断補強鉄筋の引張力の鉛直分力の総和 $A_w \cdot f_{wy} \times n \times \sin\alpha$ であるから，次式で求められる．

$$V_s = A_w \cdot f_{wy} \sin\alpha(\cot\alpha + \cot\theta)\frac{z}{s} \tag{5.21}$$

ここに，s：せん断補強鉄筋の配置間隔 [mm]，α：せん断補強鉄筋が部材軸となす角度，θ：斜めひび割れが部材軸となす角度，A_w：一組のせん断補強鉄筋の断面積 [mm²]，f_{wy}：せん断補強鉄筋の降伏強度 [N/mm²]，z：曲げモーメントによって生じるコンクリート圧縮合力作用位置から引張鋼材図心までの距離 [mm] である．

5.6.3　せん断補強鉄筋量の算定

いま，斜めひび割れの発生角度を $\theta = 45°$ とすれば，

$$V_s = \frac{A_w \cdot f_{wy} \sin\alpha(1 + \cos\alpha/\sin\alpha)z}{s}$$

$$= \frac{A_w \cdot f_{wy}(\sin\alpha + \cos\alpha)z}{s} \tag{5.22}$$

上式から，$\cos\alpha + \sin\alpha$ の最大値は $\alpha = 45°$ のとき得られるので，折曲げ鉄筋量の最大値は $\alpha = 45°$ のときであり，このときは，

$$\text{折曲げ鉄筋：} A_w = \frac{V_s \cdot s}{\sqrt{2}\,f_{wy} \cdot z} \quad [\text{mm}^2] \tag{5.23}$$

である．なお，鉛直のスターラップを用いるときは $\alpha = 90°$ なので，次式となる．

$$\text{鉛直スターラップ：} A_w = \frac{V_s \cdot s}{f_{wy} \cdot z} \quad [\text{mm}^2] \tag{5.24}$$

5.6.4　せん断補強鋼材を有する棒部材の設計せん断耐力

示方書設計編では，せん断補強鋼材を有する棒部材の設計せん断耐力 V_{yd} の算定式として，次式を定めている．

$$V_{yd} = V_{cd} + V_{sd} \tag{5.25}$$

ただし，$p_w \cdot f_{wyd}/f'_{cd} \leqq 0.1$ とするのがよい．ここに，V_{cd}：せん断補強鋼材を有しない棒部材の設計せん断耐力 [N]（式 (5.15) あるいは式 (5.19) による），V_{sd}：せん断補強鋼材が受けもつ設計せん断耐力 [N]（次式による）である．

$$V_{sd} = \frac{\{A_w \cdot f_{wyd}(\sin\alpha_s + \cos\alpha_s)/s_s\}z}{\gamma_b} \tag{5.26}$$

ここに，A_w：区間 s_s におけるせん断補強鉄筋の総断面積 [mm²]，f_{wyd}：せん断補強鉄筋の設計降伏強度（$25f'_{cd}$ [N/mm²] と $800\,\text{N/mm}^2$ のいずれか小さい値を上限とする），α_s：せん断補強鉄筋が部材軸となす角度，s_s：せん断補強鉄筋の配置間隔 [mm]，z：圧縮応力の合力の作用位置から引張鋼材図心までの距離（一般に $d/1.15$ としてよい），p_w：せん断補強鋼材比 ($= A_w/b_w s_s$)，γ_b：部材係数（一般に 1.1 としてよい）である．

有効高さに対して圧縮縁のかぶりが大きくなると，圧縮応力の合力の作用位置に対してスターラップが引張側に配置されることとなり，その結果，式 (5.26) で一般に想定した値に対して斜めひび割れを横切るスターラップ量が減少するため，仮想トラスの引張腹材としてせん断力の抵抗が十分に発揮できない場合がある．このような破壊形態に対して式 (5.26) を適用する場合，有効高さが圧縮縁のかぶりの 4 倍程度 ($d/c = 4$) 確保されていることを確認することとする．

5.6.5 支点付近のせん断補強鋼材の配置の特例

直接支持された棒部材（図5.15参照）において，支承前面から部材の全高さ h の半分までの区間については，V_{yd} の照査を行わなくてよい．ただし，この区間には，支承前面から $h/2$ だけ離れた断面において必要とされる量以上のせん断補強鋼材を配置するものとする．また，変断面部材（図5.16参照）では，部材高さとして支承前面における値を用いてよい．ただし，ハンチ（図5.16参照）は 1:3 より緩やかな部分を有効とする．

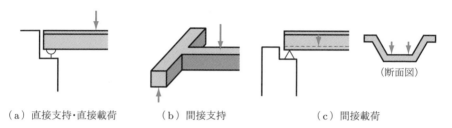

（a）直接支持・直接載荷　　（b）間接支持　　　　（c）間接載荷

図5.15　直接支持と間接支持
（土木学会コンクリート標準示方書，設計編，2017）

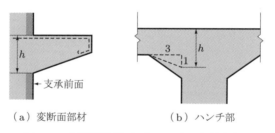

（a）変断面部材　　　　（b）ハンチ部

図5.16　変断面部材およびハンチ部の部材高さ h

5.6.6 棒部材の腹部コンクリートの設計斜め圧縮破壊耐力

T形断面などで腹部の幅が小さく，せん断補強鋼材が多量に配置されている部材では，せん断補強鋼材が降伏する前に，斜めひび割れ間の腹部コンクリートが斜め圧縮応力によって斜め圧縮破壊することがある．

この形式の破壊は，せん断耐力の上限値を与えるものであり，せん断補強鋼材量に無関係である．この種の破壊を避けるために，設計斜め圧縮破壊耐力 V_{wcd} を次式によって求め，その安全性を照査しなければならない．

$$V_{wcd} = \frac{f_{wcd} \cdot b_w \cdot d}{\gamma_b} \quad [\text{N}] \tag{5.27}$$

ここに，

$$f_{wcd} = 1.25\sqrt{f'_{cd}} \quad [\text{N/mm}^2] \tag{5.28}$$

となる．ただし，$f_{wcd} \leqq 9.8\,\text{N/mm}^2$，$\gamma_b$：部材係数（一般に $\gamma_b = 1.3$ としてよい）である．

本算定式は，普通コンクリートを対象に導かれたものであるが，高強度コンクリートの場合にもその妥当性が検証されたため，f'_{ck} が $80\,\text{N/mm}^2$ の場合の値を上限とする．

5.6.7 せん断力に対する安全性の照査

せん断力に対する安全性の照査の一例を，式 (5.29) に示す．

$$\gamma_i \cdot \frac{V_d}{V_{yd}} \leqq 1.0 \quad (\gamma_i：構造物係数) \tag{5.29}$$

なお，前出の V_{wcd} や V_{cd}，5.8 節および 5.9 節で述べるせん断圧縮破壊耐力や，押抜きせん断耐力についても，式 (5.29) と同じ型式で照査することができる．

5.6.8 棒部材のせん断補強に関する検討事項

ここでは，棒部材のせん断補強に関する検討事項について述べる．

① 設計せん断力 V_d が $\gamma_i V_d > V_{wcd}$ の場合：斜め圧縮破壊のおそれがあるので $\gamma_i V_d \leqq V_{wcd}$ となるように棒部材の断面や使用するコンクリート強度を変更する．

② 設計せん断力 V_d が $\gamma_i V_d \leqq V_{cd}$ の場合：棒部材は計算上せん断補強鋼材を必要としない．ただし 5.10 節の構造細目の a) に従ってスターラップの最小量 $A_{w\min}$ を配置する．

③ 設計せん断力 V_d が $V_{cd} < \gamma_i V_d \leqq V_{wcd}$ の場合：せん断破壊のおそれがあるので，棒部材は計算上せん断補強鋼材を必要とし，5.10 節の構造細目の b) を満たすとともに，$\gamma_i V_d \leqq V_{yd}$ となるように，せん断補強鋼材を必要量配置する．ただし，せん断補強鉄筋として折曲げ鉄筋とスターラップを併用する場合，せん断補強鉄筋が受けもつべきせん断力の 50% 以上を，スターラップで受けもたせるものとする．

5.7 シフトルールによる設計用曲げモーメント

せん断補強鋼材を有する棒部材では，トラス的な釣合い機構が軸方向鋼材に影響し，軸方向引張鋼材（主鉄筋）に作用する引張力が，曲げ理論によって求めた軸方向引張鋼材の引張力よりも大きくなる．

示方書設計編では，図 5.17 に示すように，設計用曲げモーメントは，曲げ理論による曲げモーメントを有効高さ d だけ大きくなるようにシフトすることを規定している

（シフトルール）．このため，設計では曲げ理論による軸方向鋼材の引張応力の分布を d だけ支点方向にずらして，軸方向引張鋼材量を算定する．したがって，折曲げ鉄筋の曲げ上げ位置は，図 5.17 に示すように，抵抗曲げモーメントがシフトルールによる設計用曲げモーメントよりも大きくなるように設定する．

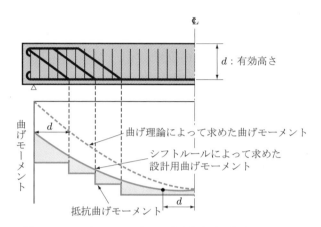

図 5.17　シフトルールによって求めた設計用曲げモーメント

例題 5.2　図 5.18 に示す鉄筋コンクリートばりの点 F に設計せん断力 $V_d = 400\,\mathrm{kN}$ がかかるとき，点 F のせん断力に対する安全性を照査せよ．ただし，点 F は支点 A より $h/2$（625 mm）だけ離れた点，$f'_{ck} = 24\,\mathrm{N/mm^2}$，スターラップは鉛直の U 型 D 13（SD 295 B）を間隔 $s_s = 250\,\mathrm{mm}$，また，折曲げ鉄筋 D 35（SD 295 B，曲上げ角度 45°）を間隔 $s_s = 1\,000\,\mathrm{mm}$ で配置する．コンクリートの材料係数 $\gamma_c = 1.3$，部材係数 γ_b は V_{cd} に対して 1.3，V_{sd} に対して 1.1，構造物係数 $\gamma_i = 1.15$，$z = d/1.15$ とする．

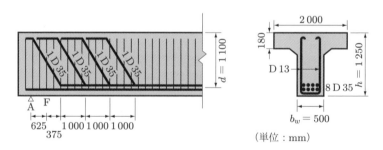

図 5.18　T 形断面鉄筋コンクリートばり

解

（1）設計斜め圧縮破壊耐力 V_{wcd} の計算と安全性に対する照査

$$V_{wcd} = \frac{f_{wcd} \cdot b_w \cdot d}{\gamma_b}$$

ここに，以下のように計算できる．

$$f'_{cd} = \frac{f'_{ck}}{\gamma_c} = \frac{24}{1.3} = 18.5\,\text{N/mm}^2$$

$$f_{wcd} = 1.25\sqrt{f'_{cd}} = 1.25\sqrt{18.5} = 5.38\,\text{N/mm}^2$$

$$\therefore\quad V_{wcd} = \frac{5.38 \times 500 \times 1\,100}{1.3} = 2\,276\,\text{kN}$$

$$\gamma_i \cdot \frac{V_d}{V_{wcd}} = 1.15 \times \frac{400}{2\,276} = 0.202 < 1.0$$

よって，この断面は斜め圧縮破壊に対して安全である．

（2）せん断補強鋼材を有しない棒部材の設計せん断耐力 V_{cd} の計算

$$V_{cd} = \frac{\beta_d \cdot \beta_p \cdot f_{vcd} \cdot b_w \cdot d}{\gamma_b}$$

ここに，以下の計算が成り立つ．

$$f_{vcd} = 0.2\sqrt[3]{f'_{cd}} = 0.2\sqrt[3]{18.5} = 0.529\,\text{N/mm}^2$$

$$\beta_d = \sqrt[4]{\frac{1\,000}{d}} = \left(\frac{1\,000}{1\,100}\right)^{1/4} = 0.976 < 1.5$$

$$\beta_p = \sqrt[3]{100 \cdot p_v} = (100 \times 0.00696)^{1/3} = 0.886 < 1.5$$

$$\left(\begin{array}{l}\text{点 F の主鉄筋量 } A_s \text{ は，その点までに主鉄筋を 4 本折曲げ鉄筋として使用しているの}\\ \text{で残りは } 8-4=4 \text{ 本となる．点 F での主鉄筋比 } p_v \text{ は，}\\ \quad A_s = 4\,\text{D}\,35 = 3\,826\,\text{mm}^2\\ \therefore\quad p_v = \frac{A_s}{b_w \cdot d} = \frac{3\,826}{500 \times 1\,100} = 0.00696\end{array}\right)$$

$$\therefore\quad V_{cd} = \frac{0.976 \times 0.886 \times 0.529 \times 500 \times 1\,100}{1.3} = 193.53\,\text{kN} = 194\,\text{kN}$$

$$\gamma_i \cdot \frac{V_d}{V_{cd}} = 1.15 \times \frac{400}{194} = 2.371 > 1.0$$

よって，せん断補強が必要である．

（3）設計せん断耐力 V_{yd} の計算と安全性に対する照査

せん断補強鉄筋の設計降伏強度 f_{wyd} について，使用鉄筋は SD 295 B，その上限は $25f'_{cd} = 25 \times 24/1.3 = 461.5\,\text{N/mm}^2$，$800\,\text{N/mm}^2$ のいずれか小さい値とする．

$$\therefore\quad f_{wyd} = 295\,\text{N/mm}^2$$

1 000 mm あたり鉛直スターラップは U 形 D 13 を 4 組，折曲げ鉄筋（曲上げ角度 45°）は D 35 を 1 本なので，点 F でのせん断補強鋼材比 p_w は以下となる．

$$p_w = \frac{4 \times 253 + \sqrt{2} \times 956.6}{1\,000 \times 500} = \frac{2\,365}{500\,000} = 0.00473$$

$$p_w \cdot \frac{f_{wyd}}{f'_{cd}} = \frac{0.00473 \times 295}{24/1.3} = 0.0756 \leqq 0.1$$

よって条件を満足する．次に，設計せん断耐力を求める．

$$V_{yd} = V_{cd} + V_{sd}$$

$$V_{sd} = \frac{\sum A_w \cdot f_{wyd}(\sin\alpha_s + \cos\alpha_s) \cdot z}{\gamma_b \cdot s_s}$$

ここに，スターラップは，U 形 D 13 なので $A_w = 253\,\mathrm{mm}^2$，その間隔 $s_s = 250\,\mathrm{mm}$，折曲げ鉄筋は 1 D 35 なので $A_w = 956.6\,\mathrm{mm}^2$，その間隔 $s_s = 1\,000\,\mathrm{mm}$，式 (5.24) および式 (5.23) より，以下のようになる．

$$V_{sd} = \frac{(253 \times 295 \times 1\,100)/1.15}{250 \times 1.1} + \frac{(\sqrt{2} \times 956.6 \times 295 \times 1\,100)/1.15}{1\,000 \times 1.1}$$

$$= 259\,600 + 347\,032 = 607\,\mathrm{kN}$$

$$\therefore \quad V_{yd} = 194 + 607 = 801\,\mathrm{kN}$$

$$\gamma_i \cdot \frac{V_d}{V_{yd}} = 1.15 \times \frac{400}{801} = 0.574 < 1.0$$

よって，この断面はせん断破壊に対して安全であることが照査された．

（4）スターラップに関する規定および構造細目の検討

せん断補強鉄筋が受けもつせん断耐力の 50% 以上は，スターラップで受けもたなければならない．

本題におけるスターラップが受けもつ設計せん断耐力 $V_{sv} = 259.6\,\mathrm{kN}$ $\left(\text{上記 } V_{sd} \text{ の計算中の第 1 項の値} = \frac{(253 \times 295 \times 1\,100)/1.15}{250 \times 1.1} = 259.6\right)$ は，せん断補強鉄筋が受けもたなければならない設計せん断力の 1/2，すなわち，

$$\frac{V_d - V_{cd}}{2} = \frac{400 - 194}{2} = 103\,\mathrm{kN}$$

より大きいので，5.6.8 項 ③ に示す条件を満足している．

また，スターラップの構造細目について，5.10 節 b) 項よりスターラップの間隔 250 mm は，はりの有効高さ d の 1/2 以下（< 550 mm），かつ 300 mm 以下を満足する．

5.8 棒部材の設計せん断圧縮破壊耐力

直接支持される棒部材で，せん断スパン比 a/d が小さい（2.0 程度以下）場合，斜めひび割れ発生後も引張鉄筋をタイとしたタイドアーチ的な性状を示す（図 5.10 参照）ことから，破壊はタイに相当する鉄筋の降伏（曲げ破壊），あるいはアーチリブに相当するコンクリートの圧壊（せん断破壊）により生じる．この場合，設計せん断耐力の照査は，式 (5.25) の V_{yd} および式 (5.27) の V_{wcd} に変えて，式 (5.30) の設計せん断圧縮破壊耐力 V_{dd} について安全性を確認することで行ってよい．なお，式 (5.30) は，$f'_{ck} \leqq 80\,\mathrm{N/mm^2}$ のコンクリートに対して適用できる．

$$V_{dd} = \frac{\beta_d \cdot \beta_p \cdot \beta_a \cdot f_{dd} \cdot b_w \cdot d}{\gamma_b} \tag{5.30}$$

$$f_{dd} = 0.19\sqrt{f'_{cd}} \qquad [\mathrm{N/mm^2}] \tag{5.31}$$

$$\beta_d = \sqrt[4]{\frac{1\,000}{d}} \qquad (\text{ただし，} \beta_d > 1.5 \text{ となる場合は } 1.5)$$

$$\beta_p = \frac{1 + \sqrt{100 p_v}}{2} \qquad (\text{ただし，} \beta_p > 1.5 \text{ となる場合は } 1.5)$$

$$\beta_a = \frac{5}{1 + (a/d)^2}$$

ここに，V_{dd}：設計せん断圧縮破壊耐力 [N]，b_w：腹部の幅 [mm]，d：単純ばりの場合は載荷点，片持ばりの場合は支持部前面における有効高さ [mm]，a：支持部前面から載荷点までの距離 [mm]，p_v：引張鉄筋比 ($= A_s/b_w d$)，A_s：引張側鋼材の断面積 [mm^2]，f'_{cd}：コンクリートの設計圧縮強度 [N/mm^2]，γ_b：部材係数（一般に 1.3）とする．また，式 (5.30) は普通コンクリートに対するものであり，軽量骨材コンクリートではこの値の 70% としてよい．

また，a/d が小さいはりは，腹部に水平方向鉄筋を配置するとせん断補強効果があり，この場合，引張鉄筋比 p_v を式 (5.32) より求められる値とし，これを式 (5.30) に代入して設計せん断圧縮破壊耐力 V_{dd} を算定してよい．

$$p_v = p_{v1} + p_{v2} \cdot \frac{d_2}{d_1} \tag{5.32}$$

ここに，p_v：引張鉄筋比，p_{v1}：引張鉄筋の引張鉄筋比，p_{v2}：はりの腹部に配置した水平方向鉄筋の引張鉄筋比，d_2：引張鉄筋の圧縮縁からの距離，d_1：はりの腹部に配置した水平方向鉄筋の圧縮縁からの距離である．

また，せん断補強鉄筋を用いると，アーチリブのコンクリートの局部的な破壊を抑

制するせん断補強効果があるため，式 (5.33) によって設計せん断圧縮破壊耐力 V_{dd} を求めてよい．この場合，せん断補強鉄筋比 p_w が 0.2% 以上となるようにせん断補強鉄筋を配置する必要がある．

$$V_{dd} = \frac{(\beta_d + \beta_w)\beta_p \cdot \beta_a \cdot \alpha \cdot f_{dd} \cdot b_w \cdot d}{\gamma_b} \tag{5.33}$$

$$\beta_w = 4.2\sqrt[3]{100p_w} \cdot \frac{(a/d - 0.75)}{\sqrt{f'_{cd}}}$$

（ただし，$\beta_w < 0$ となる場合は 0 とする）

ここに，α：支持板の部材軸方向長さ r の影響を考慮する係数（$\alpha = (1 + 3.33r/d)/(1 + 3.33 \cdot 0.05)$．ただし，一般に r/d は 0.1 としてよい），p_w：せん断補強鉄筋比（$= A_w/b_w s_s$，ただし，$p_w < 0.002$ となる場合は $p_w = 0$），A_w：区間 s_s における部材軸と直交するせん断補強鉄筋の総断面積 [mm²]，s_s：部材軸と直交するせん断補強鉄筋の配置間隔 [mm]，γ_b：部材係数（一般に 1.2）とする．

式 (5.33) で，上記以外の記号の説明は式 (5.30) と同じである．

例題 5.3　図 5.19 に示す a/d が小さいはりの設計せん断圧縮破壊耐力 V_{dd} を求めよ．ただし，コンクリートの設計基準強度は $f'_{ck} = 24\,\mathrm{N/mm^2}$，主引張鉄筋は 5 D 29 (SD 295 B)，水平方向鉄筋は 2 D 29 (SD 295 B) を 2 段に，せん断補強鉄筋は U 形 D 19 (SD 295 B) を 250 mm 間隔に配置する．コンクリートの材料係数 $\gamma_c = 1.3$，部材係数 $\gamma_b = 1.2$ とする．

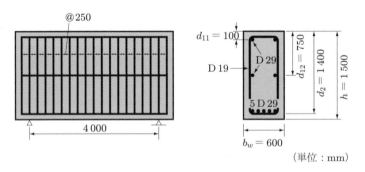

図 5.19　a/d が小さい鉄筋コンクリートばり

解

$$f'_{cd} = \frac{f'_{ck}}{\gamma_c} = \frac{24}{1.3} = 18.5\,\mathrm{N/mm^2}$$

$$f_{dd} = 0.19\sqrt{f'_{cd}} = 0.19\sqrt{18.5} = 0.82$$

$$\beta_d = \sqrt[4]{\frac{1\,000}{d}} = \left(\frac{1\,000}{1\,400}\right)^{1/4} = 0.919$$

$$\frac{a}{d} = \frac{4\,000/2}{1\,400} = 1.43$$

$$\beta_a = \frac{5}{1+(a/d)^2} = \frac{5}{1+(1.43)^2} = \frac{5}{1+2.045} = 1.64$$

$$p_{v1} = \frac{A_s}{b_w \cdot d} = \frac{5\,D\,29}{600 \times 1\,400} = \frac{3\,212}{84 \times 10^4} = 0.00382$$

$$p_v = p_{v1} + p_{v2} \cdot \frac{d_2}{d_1}$$

$$= \frac{A_s}{b_w \cdot d} + p_{v21} \cdot \frac{d_2}{d_{11}} + p_{v22} \cdot \frac{d_2}{d_{12}}$$

$$= 0.00382 + \frac{1\,285}{600 \times 1\,400} \times \frac{1\,400}{100} + \frac{1\,285}{600 \times 1\,400} \times \frac{1\,400}{750}$$

$$= 0.00382 + 0.0214 + 0.00286 = 0.0281$$

$$\beta_p = \frac{1+\sqrt{100p_v}}{2} = \frac{1+\sqrt{100 \times 0.0281}}{2} = 1.34$$

せん断補強鉄筋は U 形 D 19 を 250 mm 間隔に配置しているので，次式となる.

$$p_w = \frac{A_w}{b_w \cdot s_s} = \frac{2\,D\,19}{600 \times 250} = \frac{573}{15 \times 10^4} = 0.00382 > 0.002$$

ゆえに，せん断補強効果がある.

$$\beta_w = 4.2\sqrt[3]{100p_w} \cdot \frac{a/d - 0.75}{\sqrt{f'_{cd}}}$$

$$= 4.2\sqrt[3]{100 \times 0.00382} \times \frac{1.43 - 0.75}{\sqrt{18.5}}$$

$$= 4.2\sqrt[3]{0.382} \times \frac{0.68}{\sqrt{18.5}} = 0.482$$

$$\alpha = \frac{1+3.33r/d}{1+3.33 \cdot 0.05} = \frac{1+3.33 \times 0.1}{1+3.33 \times 0.05} = 1.14$$

式 (5.33) より，設計せん断圧縮破壊耐力 V_{dd} は，以下となる.

$$V_{dd} = \frac{(\beta_d + \beta_w)\beta_p \cdot \beta_a \cdot \alpha \cdot f_{dd} \cdot b_w \cdot d}{\gamma_b}$$

$$= \frac{(0.919 + 0.482) \times 1.34 \times 1.64 \times 1.14 \times 0.82 \times 600 \times 1\,400}{1.2}$$

$$= 2\,014\,668 = 2\,015\,\text{kN}$$

5.9　面部材の設計押抜きせん断耐力

　柱とスラブの結合部やフーチングなどの面部材に，局部的な荷重が作用する場合には，図 5.20 に示すように，荷重域直下のコンクリートが円錐状またはピラミッド状のコーンを形成して，その周辺部分より落ち込むようにして押抜きせん断破壊を生じる場合がある．

　スラブの押抜きせん断耐力の理論解を求めることは，きわめてむずかしいが，基本的には棒部材のせん断耐力算定式と同様の形式で表されるものと仮定される．

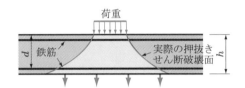

図 5.20　面部材の押抜きせん断による実際の破壊面

（1）載荷面が部材の自由縁または開口部から離れており，かつ荷重の偏心が小さい場合

　示方書設計編では図 5.21 に示すように，$e = d/2$ の垂直面を押抜き破壊面と想定し，設計押抜きせん断耐力 V_{pcd} は，次式で求める．

$$V_{pcd} = \frac{\beta_d \cdot \beta_p \cdot \beta_r \cdot f_{pcd} \cdot u_p \cdot d}{\gamma_b} \quad [\mathrm{N}] \tag{5.34}$$

ここに，

$$f_{pcd} = 0.20\sqrt{f'_{cd}} \quad [\mathrm{N/mm^2}] \quad （ただし，\ f_{pcd} \leqq 1.2\,\mathrm{N/mm^2}） \tag{5.35}$$

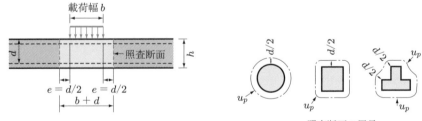

u_p：照査断面の周長

（a）設計上の押抜きせん断破壊面（照査断面）　　　　　（b）照査断面とその周長

図 5.21　押抜きせん断耐力に対する照査断面
（土木学会コンクリート標準示方書，設計編，2017）

$$\beta_d = \sqrt[4]{\frac{1\,000}{d}} \qquad (d: [\mathrm{mm}],\ \beta_d > 1.5\ \text{となる場合は}\ 1.5) \tag{5.36}$$

$$\beta_p = \sqrt[3]{100p} \qquad (\beta_p > 1.5\ \text{となる場合は}\ 1.5) \tag{5.37}$$

$$\beta_r = 1 + \frac{1}{1 + 0.25u/d} \tag{5.38}$$

である．また，f'_{cd}：コンクリートの設計圧縮強度 $[\mathrm{N/mm^2}]$，u：載荷面の周長 $[\mathrm{mm}]$，u_p：照査断面の周長 $[\mathrm{mm}]$（載荷面から $d/2$ 離れた位置で算定するものとする），d および p：有効高さ $[\mathrm{mm}]$ および鉄筋比（二方向の鉄筋に対する平均値），γ_b：部材係数（一般に 1.3 としてよい）である．なお，この算定式は普通コンクリートを対象に導かれたものであり，f'_{cd} が $50\,\mathrm{N/mm^2}$ の場合の値を上限とするのがよい．

（2）載荷面が部材の自由縁または開口部に近い場合

一方向スラブで自由縁に近い場合には，押抜きせん断耐力は小さくなる．この場合には，有効幅を有する棒部材と考えて「棒部材の設計せん断耐力」を算定するのがよい．

（3）荷重が載荷面に対して偏心する場合

この場合は，曲げやねじりの影響を考慮しなければならない．

スラブを支えるすみ部の柱のように，鉛直力に加えて曲げモーメントやねじりモーメントが同時に作用する場合，あるいは荷重が載荷面に対して偏心して作用する場合には，式 (5.34) をそのまま用いることはできない．鉛直力に曲げモーメントやねじりモーメントが同時に作用する場合の実験データは，十分に蓄積されているとはいえないが，一つの方法として，鉛直力のみが作用する場合の押抜きせん断耐力を $1/\alpha$ 倍に低減する方法がある（図 5.22 参照）．

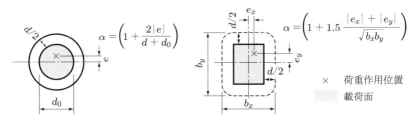

（a）載荷面が円形の場合　　　（b）載荷面が長方形の場合

図 5.22　偏心荷重の場合における耐力低減率 $1/\alpha$ のとり方
（土木学会コンクリート標準示方書，設計編，2017）

例題 5.4 図 5.23 に示す鉄筋コンクリートスラブ（スパン x 方向 $= 6\,000\,\text{mm}$, y 方向 $= 4\,000\,\text{mm}$, 厚さ $200\,\text{mm}$）の中央位置に載荷面積 $a \times b = 400\,\text{mm} \times 200\,\text{mm}$ の集中荷重が作用するとき，設計押抜きせん断耐力 V_{pcd} を求めよ．ただし，$f'_{ck} = 30\,\text{N/mm}^2$, $\gamma_b = 1.3$ とする．なお，x 方向の鉄筋比 $p_x = 0.008$, 有効高さ $d_x = 150\,\text{mm}$, y 方向の鉄筋比 $p_y = 0.012$, 有効高さ $d_y = 170\,\text{mm}$, である．

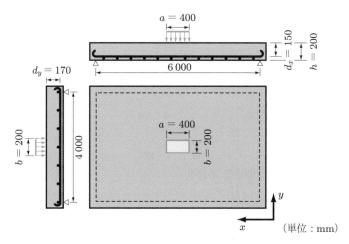

図 5.23　鉄筋コンクリートスラブ

解

$$f'_{cd} = \frac{30}{1.3} = 23.1\,\text{N/mm}^2$$

鉄筋比 p, 有効高さ d については，x, y の 2 方向の平均値とする．

$$p = \frac{p_x + p_y}{2} = \frac{0.008 + 0.012}{2} = 0.010$$

$$d = \frac{d_x + d_y}{2} = \frac{170 + 150}{2} = 160\,\text{mm}$$

$$u = 2(a + b) = 2(400 + 200) = 1\,200\,\text{mm}$$

$$u_p = 2a + 2b + \pi d = 2 \times 400 + 2 \times 200 + 3.14 \times 160 = 1\,702.4\,\text{mm}$$

$f_{pcd} = 0.2\sqrt{23.1} = 0.96\,\text{N/mm}^2 < 1.2\,\text{N/mm}^2$, $\beta_d = (1\,000/160)^{1/4} = 1.58 > 1.5$ となるので，$\beta_d = 1.5$ とする．

$$\beta_p = (100 \times 0.010)^{1/3} = 1 < 1.5$$

$$\beta_r = 1 + \frac{1}{1 + 0.25 \times 1\,200/160} = 1.348$$

$$\therefore \quad V_{pcd} = 1.5 \times 1 \times 1.348 \times 0.96 \times 1\,702.4 \times \frac{160}{1.3}$$
$$= 406\,715.41\,\text{N} = 406.7\,\text{kN}$$

5.10 構造細目

a) 棒部材には 0.15% 以上のスターラップを部材全長にわたって配置し，その間隔は部材有効高さの 3/4 倍以下，かつ 400 mm 以下とする．ただし，面部材にはこれを適用しなくてもよい．

$$\frac{A_{w\,\min}}{b_w \cdot s} = 0.0015 \tag{5.39}$$

ここに，$A_{w\,\min}$：最小鉛直スターラップ量 [mm^2]，b_w：腹部の幅 [mm]，s：スターラップの間隔 [mm] である．

式 (5.39) で求められる鉄筋量を配置すると，式 (5.26) におけるせん断補強鉄筋による耐力の増分は，通常の場合，ほぼ V_{cd} に匹敵する．

ただし，この量は異形鉄筋を用いることが前提になっているので，降伏強度および付着強度の小さい丸鋼を用いる場合には，この 1.5 倍程度の量を配置するのがよい．

b) 棒部材において，計算上せん断補強鋼材が必要な場合には，スターラップの間隔は部材有効高さの 1/2 倍以下で，かつ 300 mm 以下とする．また，計算上せん断補強鋼材を必要とする区間の外側の有効高さに等しい区間にも，せん断補強鋼材を配置しなければならない．この場合，その鋼材量は計算上せん断補強鋼材の必要な区間の端における所要鋼材量とすればよい．

c) スターラップおよび折曲げ鉄筋の端部は，圧縮側のコンクリートに十分に定着しなければならない．

なお，大型部材の場合など，これを厳守することが困難な場合がある．そのような場合には，スターラップに重ね継手を用いてよいが，重ね継手長さを $2l_d$（l_d：基本定着長，10.4.3 項参照）以上とるか，あるいは重ね継手長として l_d をとり，その端部は部材の内側に向けフックを設けたり，あるいはスターラップに対する横方向鉄筋を配置するなどして，継手部の定着破壊を防止するため，十分に配慮する必要がある．

5.11　付着応力度

鉄筋コンクリート構造は，鉄筋とコンクリートが一体となり，互いに力を伝達しあいながら，共同して外力に抵抗するという複合構造である．

したがって，鉄筋とコンクリートとの間には十分な付着強度が必要である．距離 dl だけ離れた2断面間の鉄筋の引張力に dT の差があれば，鉄筋はその部分ですべり抜けようとする．この引張力の差（すなわちせん断力）は鉄筋表面に作用する付着力によって抵抗され，次式のように平衡を保つ（図 5.24 参照）．

$$dT = \tau_0 \cdot u \cdot dl \tag{5.40}$$

ここに，τ_0：付着応力度 $[\mathrm{N/mm^2}]$，u：鉄筋の周長 $[\mathrm{mm}]$ である．

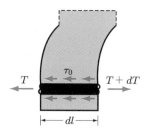

図 5.24　付着応力の考え方

また，$M = T \cdot z$ の両辺を部材軸方向の距離 l で微分すると，部材の有効高さが一定の場合には，次式が得られる．

$$\frac{dM}{dl} = V = \frac{z \cdot dT}{dl} \tag{5.41}$$

ここに，V：せん断力 $[\mathrm{N}]$ である．

上の2式から，付着応力度 τ_0 は，次式のように算定できる．

$$\tau_0 = \frac{V}{u \cdot z} = \frac{V}{u \cdot j \cdot d} \tag{5.42}$$

部材の有効高さが変化する場合，τ_0 の算定は，式 (5.42) の V の代わりに，5.4 節で述べたように式 (5.43) の V_1 を用いればよい．

$$V_1 = V - \frac{M}{d}(\tan \alpha_c + \tan \alpha_t) \tag{5.43}$$

━━ **演習問題** ━━

5.1　図 5.25 の片持ばりの断面 A–A$'$ で曲げモーメント $M_A = -400\,\text{kN·m}$，設計せん断力 $V_A = 2 \times 10^2\,\text{kN}$ のとき，断面 A–A$'$ での設計せん断力 V_d を求めよ．

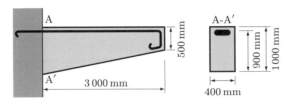

図 5.25　長方形断面片持ばり

5.2　図 5.26 に示す長方形断面の鉄筋コンクリートばりに設計せん断力 $V_d = 250\,\text{kN}$ がかかるとき，せん断耐力の安全性を照査せよ．ただし，D 13 (SD 295 B) の U 形鉛直スターラップを使用し，その間隔 s_s は 200 mm，コンクリートの設計基準強度 $f'_{ck} = 30\,\text{N/mm}^2$，$z = d/1.15$，コンクリートの材料係数 $\gamma_c = 1.3$，構造物係数 $\gamma_i = 1.15$，部材係数 γ_b はコンクリートのせん断耐力 V_{cd} に対して 1.3，せん断補強鉄筋のせん断耐力 V_{sd} に対して 1.1 とする．なお，折曲げ鉄筋は設けられていないとする．

5.3　図 5.27 に示す鉄筋コンクリートスラブ（スパン x 方向 $= 5\,000\,\text{mm}$，y 方向 $= 4\,000\,\text{mm}$，厚さ 210 mm）の中央位置に直径 $D = 400\,\text{mm}$ の集中荷重が生じるとき，設計押抜きせん断耐力 V_{pcd} を求めよ．ただし $f'_{ck} = 24\,\text{N/mm}^2$，$\gamma_b = 1.3$ とする．なお，x 方向の鉄筋比 $p_x = 0.010$，有効高さ $d = 160\,\text{mm}$，y 方向の鉄筋比 $p_y = 0.012$，有効高さ $d_y = 180\,\text{mm}$ である．

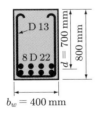

図 5.26　長方形断面
鉄筋コンクリートばり

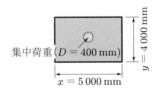

図 5.27　鉄筋コンクリートスラブ

第6章 曲げモーメントと軸方向力を受ける部材の設計

柱や，柱とはりとが一体となった構造では，それらを曲げモーメントと軸方向力を同時に受ける部材として取り扱う必要がある．この章では，はじめに中心軸方向力を受ける鉄筋コンクリート柱の耐力について学習する．つぎに，曲げモーメントと軸方向力を受ける鉄筋コンクリート部材の耐力について理解する．

6.1 はじめに

鉄筋コンクリート構造物は，通常，はりのような棒部材，柱部材，あるいはスラブのような面部材の組み合わせで構成されている．曲げモーメントを受ける棒部材については第4章で述べた．柱部材においては，断面の図心に

① 中心軸方向圧縮力を受ける場合
② 軸方向圧縮力と曲げモーメントを受ける場合

の二つの形態を考えなければならない．

ここでは，最初に柱部材が中心軸方向圧縮力を受けるときの設計断面耐力について述べ，つぎに，棒部材および柱部材に軸方向圧縮力と曲げモーメントを受けるときの設計断面耐力について述べる．なお，この章では，設計基準強度 $f'_{ck} \leq 50\,\mathrm{N/mm^2}$ を対象とする．

6.2 柱

柱とは，鉛直または鉛直に近い部材で，その長さが最小横寸法の3倍以上のものをいう．

6.2.1 種類

鉄筋コンクリート柱には，つぎの2種類（図6.1参照）がある．

(1) 帯鉄筋柱 (tied column)

軸方向鉄筋とこれを適当な間隔で囲んでいる**帯鉄筋**とを用いたもので，正方形または長方形断面のものが多い．

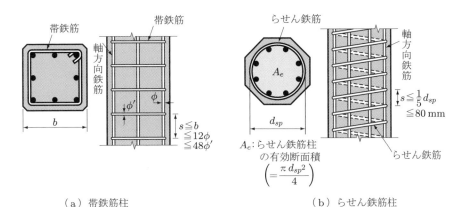

（a）帯鉄筋柱　　　　　　　　　　　（b）らせん鉄筋柱

図 6.1　鉄筋コンクリート柱
（土木学会コンクリート標準示方書，設計編，2017）

（2）らせん鉄筋柱 (spirally reinforced column)

軸方向鉄筋とこれを小さい間隔で取り囲んでいる**らせん鉄筋**とを用いたもので，円形または正八角形断面のものが多い．

6.2.2　一般的事項

（1）有効長さ

柱の有効長さは，図 6.2 に示すように，両端ヒンジの柱が座屈したときの変形に相似な変形の部分の長さ h をいう．示方書設計編では，柱の有効長さは，柱の両端の固定度に応じて，つぎのとおり定める．

① 柱の端部が横方向に支持されている場合には，柱の有効長さとして構造物の軸線の長さをとる．

② 柱の一端が固定され，他端が自由に変位できる柱の有効長さは構造物の軸線の2 倍の長さをとる．

（2）細長比

細長比 λ は，柱の有効長さと回転半径との比である．

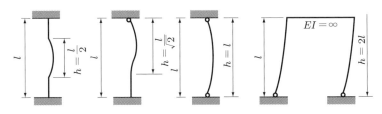

図 6.2　柱の有効長さ h

$$\lambda = \frac{\text{有効長さ}}{\text{断面の回転半径}} = \frac{h}{i} \tag{6.1}$$

$$i = \sqrt{\frac{I}{A}} \tag{6.2}$$

ここに，h：柱の有効長さ [mm]，i：断面の回転半径 [mm]，I：図心軸に関する断面二次モーメント [mm^4]，A：コンクリートの断面積 [mm^2] である．

細長比が大きくなると，柱は横方向変位が大きくなり，座屈によって耐力が低下する．

示方書設計編では，細長比により，つぎのように区分して柱の設計を行うように規定している．

① **短柱**：細長比が 35 以下の柱をいう．設計では横方向変位の影響を無視してよい．
② **長柱**：細長比が 35 を超える柱をいう．設計では横方向変位の影響を考慮しなければならない．

6.3　中心軸方向圧縮力を受ける部材の設計断面耐力

中心軸方向圧縮力を受ける部材の断面耐力における計算上の仮定は，第4章で示した曲げ部材の場合と同じである．中心軸方向圧縮力を受ける部材の設計軸方向断面耐力について，示方書設計編では式 (6.3)，(6.4) を与えている．

柱部材の設計軸方向圧縮耐力はそれぞれ，帯鉄筋柱では式 (6.3) を，らせん鉄筋柱では，式 (6.3) および式 (6.4) のいずれか大きいほうにより算定する．

$$N'_{oud} = \frac{0.85 f'_{cd} A_c + f'_{yd} A_{st}}{\gamma_b} \tag{6.3}$$

$$N'_{oud} = \frac{0.85 f'_{cd} A_e + f'_{yd} A_{st} + 2.5 f_{pyd} A_{spe}}{\gamma_b} \tag{6.4}$$

$$A_e = \frac{\pi d_{sp}^2}{4} \tag{6.5}$$

$$A_{spe} = \frac{\pi d_{sp} A_{sp}}{s} \tag{6.6}$$

ここに，N'_{oud}：設計軸方向圧縮耐力 [N]，A_c：コンクリートの断面積 [mm^2]，f'_{cd}：コンクリートの設計圧縮強度 [N/mm^2]，A_{st}：軸方向鉄筋の全断面積 [mm^2]，f'_{yd}：軸方向鉄筋の設計圧縮降伏強度 [N/mm^2]，A_e：らせん鉄筋で囲まれたコンクリートの断面積 [mm^2]，A_{spe}：らせん鉄筋の換算断面積 [mm^2]，f_{pyd}：らせん鉄筋の設計引張降伏強度 [N/mm^2]，d_{sp}：らせん鉄筋で囲まれた断面の直径 [mm]（ここでの直径とは有効断面の直径である），A_{sp}：らせん鉄筋の断面積 [mm^2]，s：らせん鉄筋の間隔（ピッ

チ）[mm]，γ_b：部材係数（一般に 1.3 としてよい）である.

6.4 構造細目

(1) 帯鉄筋柱（図 6.1（a）参照）

① 帯鉄筋柱の最小横寸法：200 mm 以上.

② 軸方向鉄筋：直径は 13 mm 以上，その数は 4 本以上，その断面積は計算上必要なコンクリート断面積の 0.8% 以上，かつ 6% 以下とする.

③ 帯鉄筋：直径 6 mm 以上，その間隔は柱の最小横寸法以下，軸方向鉄筋直径の 12 倍以下，かつ帯鉄筋の直径の 48 倍以下とする. はりやそのほかの部材との接合部分には，とくに十分な帯鉄筋を用いること.

(2) らせん鉄筋柱（図 6.1（b）参照）

① らせん鉄筋柱に用いるコンクリートの設計基準強度：20 N/mm² 以上.

② らせん鉄筋柱の有効断面の直径：200 mm 以上. 有効断面の直径とは，らせん鉄筋の中心線が描く円の直径をいう.

③ 軸方向鉄筋：直径は 13 mm 以上. その数は 6 本以上. その断面積は柱の有効断面積の 1% 以上で 6% 以下，かつ，らせん鉄筋の換算断面積の 1/3 以上とする.

④ らせん鉄筋：直径 6 mm 以上. そのピッチは柱の有効断面の直径の 1/5 以下，かつ 80 mm 以下とする. らせん鉄筋の換算断面積は，柱の有効断面積の 3% 以下とする. はりやそのほかの部材との接合部分には，とくに十分ならせん鉄筋を用いる.

(3) 鉄筋の継手

① 軸方向鉄筋は，原則としてガス圧接継手，機械式継手，または溶接継手とする. 重ね継手を用いる場合には，同一断面での継手の数を軸方向鉄筋の数の 1/2 以下とする.

② らせん鉄筋に重ね継手を設ける場合には，重ね合わせ長さを一巻き半以上とする.

例題 6.1　有効長さ $h = 3.5$ m，有効断面積の直径 $d_{sp} = 450$ mm を有するらせん鉄筋柱の設計軸方向圧縮耐力 N'_{oud} を，つぎの条件で求めよ. 軸方向鉄筋の全断面積は $A_{st} = 4054$ mm² (8 D 25, SD 295 A)，らせん鉄筋は D 13 (SD 295 A) を 50 mm ピッチに配置する. ただし，コンクリートの設計基準強度 $f'_{ck} = 30$ N/mm²，軸方向鉄筋の圧縮降伏強度の特性値 $f'_{yk} = 295$ N/mm²，らせん鉄筋の引張降伏強度の特性値 $f_{pyk} = 295$ N/mm² とする. また，安全係数はそれぞれ $\gamma_c = 1.3$，$\gamma_s = 1.0$，$\gamma_b = 1.3$ とする.

解

$$f'_{cd} = \frac{30}{1.3} = 23.1\,\text{N/mm}^2, \qquad f'_{yd} = f_{pyd} = \frac{295}{1.0} = 295\,\text{N/mm}^2$$

らせん鉄筋で囲まれたコンクリートの有効断面積は，式 (6.5) より，次式となる．

$$A_e = \frac{\pi d_{sp}^2}{4} = \frac{3.14 \times 450^2}{4} = 159\,000\,\text{mm}^2$$

らせん鉄筋の換算断面積は，式 (6.6) より，次式のとおり．

$$A_{spe} = \frac{\pi d_{sp} A_{sp}}{s} = \frac{3.14 \times 450 \times 126.7}{50} = 3\,580\,\text{mm}^2$$

らせん鉄筋柱の設計軸方向圧縮耐力は，式 (6.3)，(6.4) のいずれか大きい値を採用する．柱の直径を 520 mm とすると，$A_c = 212\,300\,\text{mm}^2$ であるから，

$$N'_{oud} = \frac{0.85 f'_{cd} A_c + f'_{yd} A_{st}}{\gamma_b} = \frac{0.85 \times 23.1 \times 212\,300 + 295 \times 4\,054}{1.3}$$

$$= 4\,126 \times 10^3\,\text{N} = 4\,126\,\text{kN}$$

$$N'_{oud} = \frac{0.85 f'_{cd} A_e + f'_{yd} A_{st} + 2.5 f'_{pyd} A_{spe}}{\gamma_b}$$

$$= \frac{0.85 \times 23.1 \times 159\,000 + 295 \times 4\,054 + 2.5 \times 295 \times 3\,580}{1.3}$$

$$= 5\,352 \times 10^3\,\text{N} = 5\,352\,\text{kN}$$

と求められる．よって，式 (6.4) による $N'_{oud} = 5\,352\,\text{kN}$ を採用する．

つぎに，細長比については式 (6.1) より検討する．ただし，断面二次モーメントはコンクリート断面部より求めた．

$$I = \frac{\pi d_{sp}^4}{64} = \frac{3.14 \times 450^4}{64} = 2.01 \times 10^9\,\text{mm}^4$$

$$i = \sqrt{\frac{I}{A_e}} = \sqrt{\frac{2.01 \times 10^9}{159\,000}} = 112\,\text{mm}$$

$$\lambda = \frac{h}{i} = \frac{3\,500}{112} = 31.3 < 35$$

よって，短柱であるから，横方向の変位は考えなくてもよい．

例題 6.2　有効長さ $h = 3.5\,\text{m}$ の正方形断面を有する帯鉄筋柱に 2 000 kN の中心軸方向圧縮力を受けるときの断面を設計せよ．使用材料の特性値ならびに安全係数は例題 6.1 と同じとする．

解

帯鉄筋柱では，軸方向鉄筋の鉄筋比は計算上必要なコンクリート断面積の 0.8% 以上，かつ 6% 以下でなければならない．

ここでは，軸方向鉄筋量が最小となる 0.8% ($p = A_{st}/A_c = 0.008$) に仮定して設計

する.

コンクリートの断面積 A_c を式 (6.3) より求める.

$$N'_{oud} = \frac{0.85 f'_{cd} A_c + f'_{yd} A_{st}}{\gamma_b}$$

より,次式のように求められる.

$$A_c = \frac{\gamma_b N'_{oud}}{0.85 f'_{cd} + p f'_{yd}} = \frac{1.3 \times 2\,000\,000}{0.85 \times 23.1 + 0.008 \times 295} = 118\,000\,\mathrm{mm}^2$$

したがって,コンクリート断面(正方形)の一辺の長さ d は,

$$d = \sqrt{A_c} = \sqrt{118\,000} = 344\,\mathrm{mm}$$

であるが,安全性を考慮して $d = 350\,\mathrm{mm}$ とする.

細長比 λ については,式 (6.1) により検討する.

$$A_c = 350 \times 350 = 122\,500\,\mathrm{mm}^2, \qquad I = \frac{d^4}{12} = 1.25 \times 10^9\,\mathrm{mm}^4$$

$$i = \sqrt{\frac{I}{A_c}} = \sqrt{\frac{1.25 \times 10^9}{122\,500}} = 101\,\mathrm{mm}$$

$$\lambda = \frac{h}{i} = \frac{3\,500}{101} = 34.7$$

$\lambda = 34.7 < 35$ より,短柱であるから横方向変位の影響は無視してよい.

この断面では鉄筋比を 0.8% に仮定しているので,軸方向鉄筋量 A_{st} は,

$$A_{st} = 0.008 A_c = 0.008 \times 350 \times 350 = 980\,\mathrm{mm}^2$$

と求められる.よって,軸方向鉄筋として,D 19 を 4 本配置(規定では 4 本以上)すると $A_{st} = 1\,146\,\mathrm{mm}^2$ となる.

帯鉄筋は,D 10(規定では 6 mm 以上)を $s = 200\,\mathrm{mm}$ 間隔に配置するものとして規定と対比する.

$$s = 200\,\mathrm{mm} < \text{柱の最小寸法}\, d = 350\,\mathrm{mm}$$

$$s = 200\,\mathrm{mm} < \text{軸方向鉄筋の直径}\,\phi\,\text{の}\,12\,\text{倍} = 12 \times 19 = 228\,\mathrm{mm}$$

$$s = 200\,\mathrm{mm} < \text{帯鉄筋の直径}\,\phi'\,\text{の}\,48\,\text{倍} = 48 \times 10 = 480\,\mathrm{mm}$$

いずれも満足しているので,この断面は安全である.

6.5 曲げモーメントと軸方向圧縮力を受ける部材の設計断面耐力

　図 6.3 に示すように，部材断面の図心から離れた位置に軸方向力が作用すると，その断面は曲げモーメントと軸方向力とを受ける．したがって，部材断面には，断面力として，軸方向圧縮力と曲げモーメントとが作用する．ここでは，軸方向圧縮力と曲げモーメントが作用する部材の設計断面耐力について述べる．

　曲げモーメントと軸方向圧縮力を受ける部材の断面耐力に関する算定上の仮定は，第 4 章で示した曲げモーメントのみが作用する場合と基本的に同じである．また，曲げモーメントと軸方向圧縮力が作用する場合であっても，軸方向圧縮力の影響が小さい場合には，第 4 章の曲げ部材として断面耐力を算定してもよいとされている．

　部材に軸方向圧縮力 N' が作用すると，この軸方向圧縮力の位置によって，部材に作用する曲げモーメントの大きさは変化する．すなわち，曲げモーメント $M = N'e$ であるから，図心からの**偏心距離**を $e = M/N'$ で表すことができる．示方書設計編では，軸方向力の小さい場合として，$e/h \geqq 10$ を与えている．ここで，e：断面の図心から軸方向圧縮力が作用する位置までの距離（偏心距離），h：断面の高さである．

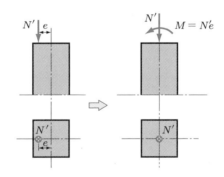

図 6.3　偏心軸方向力を受ける部材

6.5.1 軸方向圧縮力と曲げ耐力との関係

　曲げモーメントと軸方向圧縮力が作用する部材について，設計軸方向耐力 N'_{ud} と設計曲げ耐力 M_{ud} との関係は図 6.4 のようになる．これは**相互作用図** (interaction diagram) とよばれ，断面破壊の限界状態に対する照査をするための指標となっている．

　相互作用図において，点 A' は中心軸方向圧縮力が作用した場合に対応するが，施工に際しての寸法誤差にともなう偏心などを考慮して，軸偏心を受ける部材として設計されている．点 $A(0, N'_{ud})$ は，この寸法誤差などにともなう偏心に対応するもので

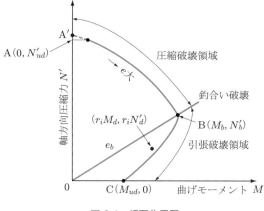

図 6.4 相互作用図

ある.曲げモーメントと軸方向力を受ける部材は,軸方向力が作用する位置,すなわち,偏心距離 $(e = M_{ud}/N'_{oud})$ によって,破壊形式が異なる.

この破壊形式は,第 4 章の曲げ部材と同様に,圧縮破壊,釣合い破壊および引張破壊に分類することができる.点 $B(M_b, N'_b)$ に対応する位置が釣合い状態 $(\varepsilon_s = \varepsilon_{sy})$ にあるときの偏心距離 $e_b = M_b/N'_b$ とすると,この点を境に破壊形式は変化する.すなわち,A〜B の領域 $(e < e_b)$ では,引張鉄筋が降伏する前にコンクリート圧縮側の圧壊が先行する圧縮破壊 $(\varepsilon_s < \varepsilon_{sy})$ であり,B〜C の領域 $(e > e_b)$ では,引張鉄筋の降伏が先行する引張破壊 $(\varepsilon_s > \varepsilon_{sy})$ である.

いずれの場合もコンクリート圧縮側は終局ひずみ $(\varepsilon'_{cu} = 0.0035)$ に達しているものとする.点 $C(M_{ud}, 0)$ では,曲げモーメントのみが作用する部材として,第 4 章の場合と同様に算定すればよい.

部材の安全性については,設計軸方向圧縮力 N'_d および設計曲げモーメント M_d にそれぞれ γ_i を乗じた値 $\gamma_i M_d, \gamma_i N'_d$ が相互作用曲線の内側にあることを確認する.

6.5.2 曲げモーメントと軸方向圧縮力を受ける部材の断面耐力

曲げモーメントと軸方向圧縮力を受ける部材の断面耐力の算定における計算上の基本仮定は,第 4 章の曲げモーメントを受ける部材の場合と同じである.

この場合の部材断面のひずみおよび応力分布は,図 6.5 のようになる.部材の断面耐力は,曲げモーメントと軸方向力とを受ける部材も,曲げモーメントを受ける部材と同様に,釣合い破壊状態における断面耐力を基準にして,つぎのように求める.

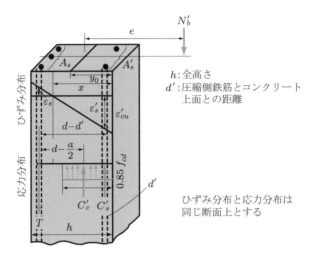

図 6.5　曲げモーメントと軸方向圧縮力を受ける部材

（1）釣合い破壊状態の場合

　この場合は，図 6.4 に示す相互作用図の点 B に相当する．このとき，コンクリートが終局ひずみ（$\varepsilon'_{cu} = 0.0035$）に達すると同時に引張鉄筋も降伏（$\varepsilon_s = \varepsilon_{sy}$）する．この釣合い状態における軸方向圧縮耐力 N'_b および図心軸に関する曲げ耐力 M_b は，図 6.5 より，次式のようになる．

$$N'_b = 0.85 f'_{cd} ba + A'_s f'_{yd} - A_s f_{yd} \tag{6.7}$$

$$M_b = 0.85 f'_{cd} ba \left(y_0 - \frac{a}{2} \right) + A'_s f'_{yd}(y_0 - d') + A_s f_{yd}(d - y_0) \tag{6.8}$$

ここで，図心の位置 y_0 は，つぎのように求める．

$$G_y = \frac{bh^2}{2} + nA_s d + nA'_s d' \tag{6.9}$$

$$A_y = bh + nA_s + nA'_s = bh + n(A_s + A'_s) \tag{6.10}$$

$y_0 = G_y / A_y$ より，

$$y_0 = \frac{bh^2/2 + n(A_s d + A'_s d')}{bh + n(A_s + A'_s)} \tag{6.11}$$

ここに，y_0：圧縮縁から図心までの距離 [mm]，G_y：断面一次モーメント [mm^3]，A_s：引張鉄筋の断面積 [mm^2]，A'_s：圧縮鉄筋の断面積 [mm^2]，n：ヤング係数比（E_s/E_c，表 2.1 参照）である．

　圧縮縁から中立軸までの距離 x は，図 6.5 より，次式となる．

$$x = \frac{\varepsilon'_{cu}}{\varepsilon'_{cu} + \varepsilon_{sy}} \cdot d = \frac{0.0035}{0.0035 + f_{yd}/E_s} \cdot d = \frac{700}{700 + f_{yd}} \cdot d \tag{6.12}$$

$a = 0.8x$ であるから,等価応力ブロックの高さ a は,次式のとおり.

$$a = \frac{700}{700 + f_{yd}} \cdot 0.8d \tag{6.13}$$

この場合の偏心距離 e_b は,次式となる.

$$e_b = \frac{M_b}{N'_b} \tag{6.14}$$

(2) 引張破壊領域の場合 ($e > e_b$)

この場合は図 6.4 の相互作用図の B〜C の領域に相当し,破壊形式は,引張破壊である.したがって,断面破壊時には,引張鉄筋は降伏し,コンクリート圧縮縁では,終局ひずみ ε'_{cu} に達している.一方,圧縮鉄筋については,降伏しているか否かを確かめなければならない.

a. 圧縮鉄筋が降伏している場合 ($\varepsilon'_s \geqq \varepsilon'_{sy}$)

この場合の釣合い条件は,つぎのようになる.

図 6.5 に示すような力の釣合い条件から,以下のようになる.

$\Sigma V = 0$ より,

$$\left.\begin{aligned} N'_u &= C'_c + C'_s - T \\ N'_u &= 0.85f'_{cd}ba + A'_s f_{yd} - A_s f_{yd} \end{aligned}\right\} \tag{6.15}$$

$\Sigma M = 0$ より,

$$\left.\begin{aligned} N'_u e' &= C'_c\left(d - \frac{a}{2}\right) + C'_s(d - d') \\ N'_u e' &= 0.85f'_{cd}ba\left(d - \frac{a}{2}\right) + A'_s f_{yd}(d - d') \end{aligned}\right\} \tag{6.16}$$

ただし,$e' = e + d - y_0$

等価応力ブロックの高さ a は,式 (6.15), (6.16) より N'_u を消去し,$0.85f'_{cd}f_{yd}$ で除すと,

$$\frac{a}{d}\left(\frac{a}{2} + e' - d\right)\frac{1}{f_{yd}} - \frac{e'}{0.85f'_{cd}}\left(p - p'\frac{f'_{yd}}{f_{yd}}\right) + \frac{p'}{0.85f'_{cd}}\frac{f'_{yd}}{f_{yd}}(d - d') = 0 \tag{6.17}$$

となり,これを解いて整理すると,

$$a = \left[\left(1 - \frac{e'}{d}\right) \right.$$
$$\left. + \sqrt{\left(1 - \frac{e'}{d}\right)^2 + \frac{2f_{yd}}{0.85f'_{cd}} \left\{ \left(p - p'\frac{f'_{yd}}{f_{yd}}\right)\frac{e'}{d} + p'\frac{f'_{yd}}{f_{yd}}\left(1 - \frac{d'}{d}\right) \right\}} \right] d$$

(6.18)

が得られる.

ここに, $p = A_s/bd$, $p' = A'_s/bd$ である.

断面図心に関する曲げ耐力 M_u は, 次式により求めることができる.

$$M_u = 0.85f'_{cd}ba\left(y_0 - \frac{a}{2}\right) + A'_s f'_{yd}(y_0 - d') + A_s f_{yd}(d - y_0) \quad (6.19)$$

以上は, 圧縮鉄筋が降伏しているものと仮定した場合の計算式であるが, この仮定の正否を確かめなければならない.

圧縮鉄筋のひずみ ε'_s が降伏している場合は, つぎの判別式を満足する.

$$\varepsilon'_s = \varepsilon'_{cu}\frac{x - d'}{x} \geqq \frac{f'_{yd}}{E_s} \quad (6.20)$$

b. 圧縮鉄筋が降伏していない場合 ($\varepsilon'_s < \varepsilon'_{sy}$)

圧縮鉄筋が降伏していない場合の判別式は, つぎのようになる.

$$\varepsilon'_s = \varepsilon'_{cu}\frac{x - d'}{x} < \frac{f'_{yd}}{E_s} \quad (6.21)$$

$\varepsilon'_{cu} = 0.0035$, $E_s = 2 \times 10^5\,\mathrm{N/mm^2}$, $x = a/0.8$ であるから, 圧縮鉄筋の応力度は,

$$\sigma'_s = \varepsilon'_s E_s = \varepsilon'_{cu}\frac{x - d'}{x}E_s = \varepsilon'_{cu}\frac{a/0.8 - d'}{a/0.8}E_s$$
$$= 700\left(1 - \frac{0.8d'}{a}\right) \quad (6.22)$$

となり, この場合の釣合い条件は, つぎのようになる.

$\Sigma V = 0$ より,

$$\left. \begin{aligned} N'_u &= C'_c + C'_s - T \\ N'_u &= 0.85f'_{cd}ba + A'_s\sigma'_s - A_s f_{yd} \end{aligned} \right\} \quad (6.23)$$

$\Sigma M = 0$ より,

$$\left. \begin{aligned} N'_u e' &= C'_c\left(d - \frac{a}{2}\right) + C'_s(d - d') \\ N'_u e' &= 0.85f'_{cd}ba\left(d - \frac{a}{2}\right) + A'_s\sigma'_s(d - d') \end{aligned} \right\} \quad (6.24)$$

ただし, $e' = e + d - y_0$

式 (6.23) および式 (6.24) に式 (6.22) を代入して N'_u を消去し，応力ブロックの高さ a を求めなければならない．

圧縮鉄筋が降伏していない場合の曲げ耐力 M_u は，次式によって求める．

$$M_u = 0.85 f'_{cd} ba \left(y_0 - \frac{a}{2} \right) + A'_s \sigma'_s (y_0 - d') + A_s f_{yd} (d - y_0) \qquad (6.25)$$

(3) 圧縮破壊領域の場合 $(e < e_b)$

この場合は，図 6.4 に示す相互作用図の A～B の領域に相当する．圧縮破壊時には引張鉄筋が降伏する前にコンクリートが圧壊するので，圧縮鉄筋は降伏しているものとする．したがって，釣合い条件式は，つぎのようになる．

$$N'_u = 0.85 f'_{cd} ba + A'_s f'_{yd} - A_s \sigma_s \qquad (6.26)$$

$$N'_u e' = 0.85 f'_{cd} ba \left(d - \frac{a}{2} \right) + A'_s f'_{yd} (d - d') \qquad (6.27)$$

ここに，σ_s：引張鉄筋の応力度 [N/mm²] である．

$$\sigma_s = \varepsilon_s E_s = \varepsilon'_{cu} \frac{d - x}{x} E_s = 700 \left(0.8 \frac{d}{a} - 1 \right) \qquad (6.28)$$

式 (6.26)，(6.27) より N'_u を消去して，等価応力ブロックの高さ a を求める．

$$a^3 - 2(d - e')a^2 + \frac{2d}{0.85 f'_{cd}} \left\{ 700 p e' - p' f'_{yd} (d - d' - e') \right\} a - \frac{1\,120}{0.85 f'_{cd}} p e' d^2 = 0 \qquad (6.29)$$

式 (6.29) より等価応力ブロックの高さ a を求めて，式 (6.28) より σ_s を計算する．曲げ耐力 M_u は，次式によって求める．

$$M_u = 0.85 f'_{cd} ba \left(y_0 - \frac{a}{2} \right) + A'_s f'_{yd} (y_0 - d') + A_s \sigma_s (d - y_0) \qquad (6.30)$$

設計軸方向耐力 N'_{ud} および設計曲げ耐力 M_{ud} は，それぞれ次式より求める．$\gamma_b = 1.1$ としてよい．

$$N'_{ud} = \frac{N'_u}{\gamma_b}, \qquad M_{ud} = \frac{M_u}{\gamma_b} \qquad (6.31)$$

部材の安全性の照査は，次式により行う．

$$\gamma_i \cdot \frac{N'_d}{N'_{ud}} \leqq 1.0, \qquad \gamma_i \cdot \frac{M_d}{M_{ud}} \leqq 1.0 \qquad (6.32)$$

例題 6.3　複鉄筋長方形断面に $M_d = 500\,\mathrm{kN\cdot m}$ お
よび $N_d' = 1\,000\,\mathrm{kN}$ が作用したときの安全性を，つ
ぎの条件により検討せよ．断面は $b = 400\,\mathrm{mm}$，$h =$
$700\,\mathrm{mm}$，$d = 640\,\mathrm{mm}$，$d' = 50\,\mathrm{mm}$，$A_s = 2\,533\,\mathrm{mm^2}$
（5 D 25, SD 295 A），$A_s' = 397\,\mathrm{mm^2}$（2 D 16, SD 295
A）である（図 6.6 参照）．ただし，$f_{ck}' = 30\,\mathrm{N/mm^2}$，
$f_{yk} = f_{yk}' = 295\,\mathrm{N/mm^2}$ であり，安全係数はそれぞ
れ $\gamma_c = 1.3$，$\gamma_s = 1.0$，$\gamma_b = 1.1$，$\gamma_i = 1.1$ とする．

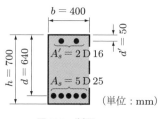

（単位：mm）

図 6.6　断面

解

$$f_{cd}' = \frac{f_{ck}'}{\gamma_c} = \frac{30}{1.3} = 23.1\,\mathrm{N/mm^2}$$

$$f_{yd} = f_{yd}' = \frac{f_{yk}}{\gamma_s} = \frac{f_{yk}'}{\gamma_s} = \frac{295}{1.0} = 295\,\mathrm{N/mm^2}$$

表 2.1 を参考にして，ヤング係数比を求める．

$$n = \frac{E_s}{E_c} = \frac{2 \times 10^5}{2.8 \times 10^4} = 7.14$$

式 (6.11) より，図心の位置を求める．

$$
\begin{aligned}
y_0 &= \frac{bh^2/2 + n(A_s d + A_s' d')}{bh + n(A_s + A_s')} \\
&= \frac{(400 \times 700^2)/2 + 7.14(2\,533 \times 640 + 397 \times 50)}{400 \times 700 + 7.14(2\,533 + 397)} = 365\,\mathrm{mm}
\end{aligned}
$$

釣合い状態での等価応力ブロックの高さ a は，式 (6.13) より，次式となる．

$$a = \frac{700}{700 + f_{yd}}0.8d = \frac{700}{700 + 295} \times 0.8 \times 640 = 360\,\mathrm{mm}$$

釣合い状態での軸方向圧縮耐力 N_b' と曲げ耐力 M_b をそれぞれ式 (6.7)，(6.8) より求める．

$$
\begin{aligned}
M_b &= 0.85 f_{cd}' ba\left(y_0 - \frac{a}{2}\right) + A_s' f_{yd}'(y_0 - d') + A_s f_{yd}(d - y_0) \\
&= 0.85 \times 23.1 \times 400 \times 360\left(365 - \frac{360}{2}\right) + 397 \times 295(365 - 50) \\
&\quad + 2\,533 \times 295(640 - 365) \\
&= 765 \times 10^6\,\mathrm{N\cdot mm} = 765\,\mathrm{kN\cdot m}
\end{aligned}
$$

$$
\begin{aligned}
N_b' &= 0.85 f_{cd}' ba + A_s' f_{yd}' - A_s f_{yd} \\
&= 0.85 \times 23.1 \times 400 \times 360 + 397 \times 295 - 2\,533 \times 295 \\
&= 2\,200 \times 10^3\,\mathrm{N} = 2\,200\,\mathrm{kN}
\end{aligned}
$$

釣合い状態における偏心距離は，式 (6.14) より，次式のとおり．

$$e_b = \frac{M_b}{N_b'} = \frac{765}{2\,200} = 0.348\,\text{m} = 348\,\text{mm}$$

設計軸方向圧縮力による偏心距離は，次式となる．

$$e = \frac{M_d}{N_d'} = \frac{500}{1\,000} = 0.5\,\text{m} = 500\,\text{mm}$$

よって，$e_b < e$ であるから，引張破壊領域にあることがわかる．

つぎに，圧縮鉄筋が降伏しているものと仮定して曲げ耐力 M_u を求める．等価応力ブロックの高さ a は，式 (6.18) より，以下のとおり．

$$p = \frac{A_s}{bd} = \frac{2\,533}{400 \times 640} = 0.00989, \qquad p' = \frac{A_s'}{bd} = \frac{397}{400 \times 640} = 0.00155$$

$$e' = e + d - y_0 = 500 + 640 - 365 = 775\,\text{mm}$$

$$a = \left[\left(1 - \frac{e'}{d}\right) + \sqrt{\left(1 - \frac{e'}{d}\right)^2 + \frac{2f_{yd}}{0.85f_{cd}'}\left\{\left(p - p'\frac{f_{yd}'}{f_{yd}}\right)\frac{e'}{d} + p'\frac{f_{yd}'}{f_{yd}}\left(1 - \frac{d'}{d}\right)\right\}} \right]d$$

$$= \left[\left(1 - \frac{775}{640}\right) \right.$$

$$\left. + \sqrt{\left(1 - \frac{775}{640}\right)^2 + \frac{2 \times 295}{0.85 \times 23.1}\left\{\left(0.00989 - 0.00155 \times \frac{295}{295}\right)\frac{775}{640} + 0.00155 \times \frac{295}{295}\left(1 - \frac{50}{640}\right)\right\}} \right]$$

$$\times 640$$

$$= 265\,\text{mm}$$

曲げ耐力 M_u は，式 (6.19) より，以下のように求められる．

$$M_u = 0.85f_{cd}'ba\left(y_0 - \frac{a}{2}\right) + A_s'f_{yd}'(y_0 - d') + A_s f_{yd}(d - y_0)$$

$$= 0.85 \times 23.1 \times 400 \times 265\left(365 - \frac{265}{2}\right) + 397 \times 295(365 - 50)$$

$$+ 2\,533 \times 295(640 - 365)$$

$$= 726 \times 10^6\,\text{N}\cdot\text{mm} = 726\,\text{kN}\cdot\text{m}$$

設計曲げ耐力 M_{ud} は，式 (6.31) より，次式となる．

$$M_{ud} = \frac{M_u}{\gamma_b} = \frac{726}{1.1} = 660\,\text{kN}\cdot\text{m}$$

部材断面の安全性の検討は，式 (6.32) より，次式を得る．

$$\gamma_i \cdot \frac{M_d}{M_{ud}} = \frac{1.1 \times 500}{660} = 0.83 < 1.0$$

よって，曲げに対しては安全である．

つぎに，$e/h = 500/700 = 0.714 < 10$ であるから，軸方向圧縮力 N_u' についても安全

性を検討する必要があるので，式 (6.15) より，以下のとおり求める．

$$N'_u = 0.85f'_{cd}ba + A'_s f'_{yd} - A_s f_{yd}$$
$$= 0.85 \times 23.1 \times 400 \times 265 + 397 \times 295 - 2\,533 \times 295$$
$$= 1\,450 \times 10^3\,\text{N} = 1\,450\,\text{kN}$$

安全性の検討は，式 (6.31)，(6.32) より，以下のようになる．

$$N'_{ud} = \frac{N'_u}{\gamma_b} = \frac{1\,450}{1.1} = 1\,320\,\text{kN}$$

$$\gamma_i \cdot \frac{N'_d}{N'_{ud}} = \frac{1.1 \times 1\,000}{1\,320} = 0.83 < 1$$

よって，軸方向圧縮力に対しても安全である．

圧縮鉄筋が降伏しているか否かを，式 (6.20)，(6.21) により検討する．

$$\varepsilon'_s = \varepsilon'_{cu}\frac{x - d'}{x} = 0.0035 \times \frac{265/0.8 - 50}{265/0.8} = 0.00297 > \frac{f'_{yd}}{E_s} = \frac{295}{2 \times 10^5} = 0.00148$$

よって，仮定どおり圧縮鉄筋は降伏している．

演習問題

6.1　一辺 300 mm の正方形断面を有する帯鉄筋柱について，つぎの問いに答えよ．ただし，軸方向鉄筋は 4 D 29 (SD 295 A，$f_{yk} = 295\,\text{N/mm}^2$)，$f'_{ck} = 30\,\text{N/mm}^2$ とし，安全係数はそれぞれ，$\gamma_c = 1.3$，$\gamma_s = 1.0$，$\gamma_b = 1.3$，$\gamma_i = 1.1$ とする．

（1）設計軸方向圧縮耐力を求めよ．

（2）有効長さ $h = 2.5\,\text{m}$ であるとき，短柱であることを確認せよ．

（3）この断面に軸方向圧縮力 $N_d = 1\,000\,\text{kN}$ が作用したときの，断面破壊に対する安全性を照査せよ．

6.2　曲げと軸方向圧縮力を受ける複鉄筋長方形断面を有する部材について，つぎの問いに答えよ．断面は $h = 450\,\text{mm}$，$b = 300\,\text{mm}$，$d = 400\,\text{mm}$，$d' = 50\,\text{mm}$ であり，$A_s = 4\,\text{D}\,22$，$A'_s = 2\,\text{D}\,22$ とする．ただし，$f'_{ck} = 30\,\text{N/mm}^2$，$f_{yk} = f'_{yk} = 295\,\text{N/mm}^2$ とし，安全係数はそれぞれ，$\gamma_c = 1.3$，$\gamma_s = 1.0$，$\gamma_b = 1.1$，$\gamma_i = 1.1$ とする．

（1）断面の図心の位置を求めよ．

（2）釣合い状態における軸方向圧縮耐力，曲げ耐力および偏心距離を求めよ．つぎに，$N_d = 600\,\text{kN}$，$M_d = 180\,\text{kN·m}$ が生じるとき，破壊形式を確認して，設計曲げ耐力を求め，断面破壊に対する安全性を照査せよ．また，圧縮鉄筋が降伏していることを確認せよ．

第7章

耐久設計

コンクリート構造物の性能は，設計耐用期間を通じて保持されなければならない．しかし，コンクリートの使用材料や配合，設計，施工が適切でないと，劣化が早期に進行し，所要の性能が損なわれる場合がある．この章では，コンクリート構造物の劣化現象のうち，鋼材の腐食につながる現象に注目し，それらに対する照査方法について示方書設計編に準じて記す．

7.1 劣化の種類

コンクリート構造物の劣化現象として，コンクリートの中性化，塩害，凍害，化学的侵食，骨材のアルカリシリカ反応などが挙げられる．これらの現象は単独で生じる場合のほか，複数の現象が複合して生じる場合もある．

これらのうち，コンクリートの中性化と塩害については 7.2 節で詳しく説明する．ここでは凍害，化学的侵食および骨材のアルカリシリカ反応について簡単に説明する．

(1) 凍 害

コンクリート中の水分が凍結して膨張圧が生じ，ひび割れが発生する．この現象が繰り返されると，コンクリート表面が崩壊したり，はく離したりして，構造物がしだいに劣化していく．

(2) 化学的侵食

塩酸などのいろいろな酸，ある種の無機塩類，硫化水素などは，コンクリート中のセメント水和物と化学反応を起こし，それらを可溶性の物質に変えることによってコンクリートが侵食される．また，硫酸塩はコンクリート中のセメント水和物と反応して，エトリンガイト系の膨張性の化合物をつくり，その膨張圧によってコンクリートが侵食される．

(3) 骨材のアルカリシリカ反応

骨材中のある種のシリカ質鉱物と，コンクリート中のカリウムイオンやナトリウムイオンが化学反応することによって生じた生成物が吸水すると，コンクリート内部に局部的な体積膨張が生じて，激しいひび割れを発生させる．

なお，凍害および化学的侵食に対する照査については示方書設計編を，骨材のアルカリシリカ反応の対策については，示方書施工編を参照されたい．

7.2　鋼材腐食に対する照査

　図 7.1 は，河口付近に建設されて 70 年が経った鉄筋コンクリート橋の桁下面の状況である．鉄筋が腐食して膨張し，かぶりコンクリートがはく落している様子がうかがえる．このように，コンクリート構造物中の鋼材が腐食すると，構造物が保持すべき性能が損なわれるため，示方書設計編では，以下の a) を確認したうえで，b)，c) を確認することによって，鋼材腐食に対する照査を行うとされている．

　a) コンクリート表面のひび割れ幅が，鋼材腐食に対するひび割れ幅の限界値以下であること．

　b) 設計耐用期間中の中性化と水の浸透にともなう鋼材腐食深さが，限界値以下であること．

　c) 塩害環境下においては，鋼材位置における塩化物イオン濃度が，設計耐用期間中に鋼材腐食発生限界濃度に達しないこと．

　なお，コンクリート中への水の浸透や，塩化物イオンの侵入のおそれが一切ない環境下で供用される構造物では，b) および c) の照査は行わなくてもよいが，その場合でも過大な幅のひび割れが生じることは好ましくないので，a) の照査は行うことが望ましい．

図 7.1　劣化した鉄筋コンクリート橋の桁下面の状況

7.2.1　ひび割れ幅に対する照査

　以降に記す鋼材腐食に対する照査では，水や塩化物イオンなどの劣化因子が，ひび割れを通って急速に侵入・浸透しないことが前提とされている．したがって，コンク

リート表面におけるひび割れ幅が, 鋼材腐食に対するひび割れ幅の限界値以下に抑えられていることを, 前もって照査する必要がある.

コンクリート表面に生じるひび割れには, 曲げモーメント, 軸方向力, せん断力などの力の作用によるもの以外にも, 温度変化や乾燥にともなう体積変化によるひび割れなどがある. このうち, ひび割れ幅の算定式が規定されているものもあれば, 規定されていないものもある. たとえば, 曲げモーメントの作用による曲げひび割れ幅の算定式は, 4.5.2 項で述べた式 (4.91) のように規定されている.

算定式が規定されている場合は, その式を用いてひび割れ幅を算定し, その値が鋼材腐食に対する限界値以下にあることを確かめる. ここで, 鋼材腐食に対するひび割れ幅の限界値は, 鉄筋コンクリートでは $0.005c$ (c はかぶり) としてよいが, 上限は $0.5\,\mathrm{mm}$ としなければならない. PRC 構造では, PC 鋼材の腐食に対しては $0.004c$ とするが, 鉄筋および定着具, 偏向部などの鋼材の腐食に対しては, 鉄筋コンクリートの場合と同様とする.

なお, 鉄筋コンクリート部材では, 死荷重などの永続作用によって鉄筋に生じる応力度が表 7.1 の制限値よりも小さくなることを確かめれば, ひび割れ幅に対する照査を省略することができる. このことは, 曲げモーメントの作用による曲げひび割れに対してだけでなく, せん断応力やねじりモーメントの作用によるひび割れにも適用できる. ただし, 活荷重などの変動作用の影響が永続作用の影響よりも大きいと考えられる場合には, ひび割れ幅の照査を行われなければならない.

表 7.1 ひび割れ幅の検討を省略できる部材における永続作用による鉄筋応力度の制限値 $\sigma_{s/1}$ [N/mm^2]

常時乾燥環境 (雨水の影響を受けない 桁下面など)	乾湿繰返し環境 (桁上部, 海岸や川の水面に近く 湿度が高い環境など)	常時湿潤環境 (土中部材など)
140	120	140

(土木学会コンクリート標準示方書, 設計編, 2017)

7.2.2 中性化にともなう鋼材腐食に対する照査

中性化とは, コンクリート中の水酸化カルシウム Ca(OH)$_2$ が, 外部から侵入してきた二酸化炭素 CO$_2$ と反応して, 中性の炭酸カルシウム CaCO$_3$ に変化する現象 (式 (7.1) 参照) をいう.

$$Ca(OH)_2 + H_2CO_3 \rightarrow CaCO_3 + 2H_2O \tag{7.1}$$

　コンクリートは，本来，水酸化カルシウムの存在によって pH12〜13 の強いアルカリ性を有しているが，中性化の進行によって pH が 10 程度まで低下すると，鋼材表面に形成されていた不動態皮膜が消失する．こうなると鋼材の腐食が進行し，構造物の性能が損なわれる可能性がある．

　示方書設計編では，中性化にともなう鋼材腐食に対する照査として，式 (7.2) に示されるように，中性化深さ（フェノールフタレイン溶液を吹付けられても赤紫色に呈色しない，pH が 7〜8 にまで低下した領域の深さ．図 7.2 参照）の設計値 y_d の鋼材腐食発生限界深さ[†] y_{lim} に対する比に，構造物係数 γ_i を乗じた値が 1.0 以下であることを確かめるとされている．以下に，この照査方法について記す．

$$\gamma_i \cdot \frac{y_d}{y_{\mathrm{lim}}} \leqq 1.0 \tag{7.2}$$

ここに，γ_i：構造物係数（一般に 1.0〜1.1 としてよい），y_{lim}：鋼材腐食発生限界深さ（一般に，式 (7.3) で求める）である．

$$y_{\mathrm{lim}} = c_d - c_k \tag{7.3}$$

ここに，c_d：耐久性に関する照査に用いるかぶりの設計値 [mm] であり，施工誤差を考慮して，式 (7.4) で求める．また，c_k：中性化残り [mm] であり，一般に，通常環境下では 10 mm としてよいが，塩化物イオンの影響が無視できない環境では 10〜25 mm とするのがよい．

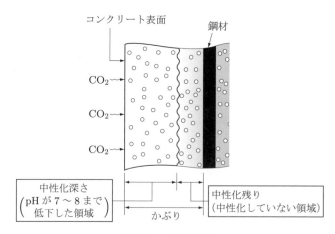

図 7.2　中性化深さ
（小林一輔，牛島 栄：コンクリート構造物の維持管理，森北出版）[8]

[†] 鋼材腐食発生限界深さとは，その深さよりも中性化深さが鋼材近くに達すると，鋼材の腐食が発生する限界の深さのこと．

$$c_d = c - \Delta c_e \tag{7.4}$$

ここに，c：かぶり [mm]，Δc_e：かぶりの施工誤差 [mm]（一般に，柱および橋脚で 15 mm，はりで 10 mm，スラブで 5 mm としてよい）である．

一方，y_d：中性化深さの設計値であり，一般に式 (7.5) で求める．

$$y_d = \gamma_{cb} \cdot \alpha_d \sqrt{t} \tag{7.5}$$

ここに，γ_{cb}：中性化深さの設計値 y_d のばらつきを考慮した安全係数であり，一般に 1.15 としてよい．ただし，高流動コンクリートを用いる場合には 1.1 としてよい．t：中性化に対する耐用年数 [年] であり，一般に，式 (7.5) で算定する中性化深さに対しては，耐用年数 100 年を上限とする．また，α_d：中性化速度係数の設計値 [mm/$\sqrt{\text{年}}$] であり，式 (7.6) で求める．

$$\alpha_d = \alpha_k \cdot \beta_e \cdot \gamma_c \tag{7.6}$$

β_e：環境作用の程度を表す係数であり，一般に，1.6 としてよい[†]．γ_c：コンクリートの材料係数であり，一般に 1.0 としてよいが，上面の部位に関しては 1.3 とするのがよい．そして，α_k：中性化速度係数の特性値 [mm/$\sqrt{\text{年}}$] であるが，式 (7.7) で求められるコンクリートの中性化予測速度係数の予測値 α_p を用いて設定してよい．

$$\alpha_p = a + \frac{b \cdot W}{B} \tag{7.7}$$

ここに，a, b：セメント（結合材）の種類に応じて実績から定まる係数，W/B：有効水結合材比 $(= W/(C_p + k \cdot A_d))$，$W$：単位体積あたりの水の質量 [kg/m^3]，$B$：単位体積あたりの有効結合材の質量 [kg/m^3]，C_p：単位体積あたりのポルトランドセメントの質量 [kg/m^3]，A_d：単位体積あたりの混和材の質量 [kg/m^3]，k：混和材の種類により定まる定数（フライアッシュの場合 $k = 0$，高炉スラグ微粉末の場合 $k = 0.7$）である．たとえば，普通ポルトランドセメントあるいは中庸熱ポルトランドセメントを用いる場合の予測式は，式 (7.8) のようになる．

$$\alpha_p = -3.57 + 9.0 \cdot W/B \quad [\text{mm}/\sqrt{\text{年}}] \tag{7.8}$$

例題7.1　通常の環境下におかれる重要構造物中の鉄筋コンクリートはりについて，中性化にともなう鋼材腐食に対する照査を行え．ただし，$t = 100$ 年，普通ポルトランドセメントを使用する普通コンクリート，$C = 380\,\text{kg/m}^3$，$W = 171\,\text{kg/m}^3$，$c = 55\,\text{mm}$，$\gamma_{cb} = 1.15$，$\beta_e = 1.6$，$\gamma_c = 1.0$，$\gamma_i = 1.1$ とする．また，$\alpha_k = \alpha_p$ と扱えるとする．

[†] 従来は，乾燥しやすい環境では 1.6，乾燥しにくい環境では 1.0 とすることになっていたが，この照査では，乾燥しやすい環境のみが想定されることになるため．

解

中性化にともなう鋼材腐食の照査式には，式 (7.2) を用いる.

$$\gamma_i \cdot \frac{y_d}{y_{\lim}} \leqq 1.0$$

このうち，鋼材腐食発生限界深さ $y_{\lim}$ は，式 (7.3) を用いて算定する.

$$y_{\lim} = c_d - c_k$$

ここに，耐久性照査に用いるかぶりの設計値 c_d は，式 (7.4) を用いて算定する.

$$c_d = c - \Delta c_e$$

ここに，$c = 55\,\mathrm{mm}$ で，対象ははりなので，かぶりの施工誤差 $\Delta c_e = 10\,\mathrm{mm}$ として

$$c_d = 55 - 10 = 45\,\mathrm{mm}$$

また，通常の環境下なので，中性化残りは $c_k = 10\,\mathrm{mm}$ とする.

$$\therefore \quad y_{\lim} = 45 - 10 = 35\,\mathrm{mm}$$

一方，中性化深さの設計値 y_d は，式 (7.5) を用いて算定する.

$$y_d = \gamma_{cb} \cdot \alpha_d \sqrt{t}$$

問題文より，$\gamma_{cb} = 1.15$，$t = 100$ である.

中性化速度係数の設計値 α_d は，式 (7.6) を用いて算定する.

$$\alpha_d = \alpha_k \cdot \beta_e \cdot \gamma_c$$

問題文より，$\beta_e = 1.6$，$\gamma_c = 1.0$ である.

中性化速度係数の特性値 α_k を設定するために，式 (7.7) を用いて中性化速度係数の予測値 α_p を求める.

$$\alpha_p = -3.57 + 9.0 \cdot W/B \quad [\mathrm{mm}/\sqrt{\text{年}}]$$

ここで，$B = C_p + k \cdot A_d$ なので，以下のように計算される.

$$C_p = 380\,\mathrm{kg/m^3}, \quad A_d = 0$$

$$\therefore \quad B = 380 + 0 = 380$$

$$\therefore \quad \alpha_p = -3.57 + 9.0(171/380) = 0.48\,\mathrm{mm}/\sqrt{\text{年}}$$

問題文より，$\alpha_k = \alpha_p$ と扱えるので，

$$\alpha_d = \alpha_k \cdot \beta_e \cdot \gamma_c = 0.48 \times 1.6 \times 1.0 = 0.768$$

$$\therefore \quad y_d = 1.15 \times 0.768\sqrt{100} = 8.83\,\mathrm{mm}$$

問題文より，$\gamma_i = 1.1$ であるので，つぎのようになる.

$$\gamma_i \cdot \frac{y_d}{y_{\text{lim}}} = 1.1 \times \frac{8.83}{35} = 0.277 \rightarrow 0.28 < 1.0$$

以上，中性化にともなう鋼材腐食に対する照査を終える．

7.2.3　中性化と水の浸透にともなう鋼材腐食に対する照査

　前項では中性化にともなう鋼材腐食に対する照査方法について記したが，実構造物での調査によると，コンクリートの中性化が進んだとしても，鋼材への水と酸素の供給が乏しい場合には，鋼材の腐食が進まないか，進みが相当遅くなることが報告されている．そのため示方書設計編では，以下に記す中性化と水の浸透にともなう鋼材腐食の照査を行うことを原則とし，それが困難な場合には，前項に記した，中性化にともなう鋼材腐食に対する照査で代えてよいとされている．

　中性化と水の浸透にともなう鋼材腐食に対する照査では，式 (7.9) に示されるように，鋼材腐食深さ[†1] の設計値 s_d と鋼材腐食深さの限界値[†2] s_{lim} との比に，構造物係数 γ_i を乗じた値が 1.0 以下であることを確かめる．以下に，この照査方法について記す．

$$\gamma_i \cdot \frac{s_d}{s_{\text{lim}}} \leqq 1.0 \tag{7.9}$$

ここに，γ_i：構造物係数であり，一般に 1.0～1.1 としてよい．s_{lim}：鋼材腐食深さの限界値 [mm] であり，一般的な構造物の場合には式 (7.10) で求める．

$$s_{\text{lim}} = 3.81 \times 10^{-4} \cdot c \tag{7.10}$$

ここに，c：かぶり [mm] である．なお，$c > 35\,\text{mm}$ の場合には，$s_{\text{lim}} = 1.33 \times 10^{-2}$ としなければならない．

　一方，s_d：鋼材腐食深さの設計値 [mm] であり，一般に，式 (7.11) で求める．

$$s_d = \gamma_w \cdot s_{dy} \cdot t \tag{7.11}$$

ここに，γ_w：鋼材腐食深さの設計値 s_d のばらつきを考慮した安全係数であり，示方書設計編にも一般的な値は示されていないため，適切な値を設定する必要がある．t：中性化と水の浸透にともなう鋼材腐食に対する耐用年数 [年] であり，一般に 100 年を上限とする．s_{dy}：1 年あたりの鋼材腐食深さの設計値 [mm/年] であり，構造物に対する実際の水の供給などさまざまな条件について考慮したうえで定めなければならない．代表例として降雨を想定し，その回数や継続時間，構造物の立地条件などを特別に検

---

†1 鋼材腐食深さとは，中性化と水の浸透による作用によって，鋼材表面から腐食が進んだ深さのこと．

†2 鋼材腐食深さの限界値とは，鋼材表面からの腐食がその深さよりも進むと，コンクリートのひび割れやはく離が生じて，構造物の性能が損なわれる限界の深さのこと．

討しない場合には，式 (7.12) で s_{dy} を求めてよい.

$$s_{dy} = 1.9 \cdot 10^{-4} \cdot e^{-0.068(c - \Delta c_e)^2 / q_d^2} \tag{7.12}$$

ここに，Δc_e：かぶりの施工誤差 [mm] であり，一般に，柱および橋脚で 15 mm，はりで 10 mm，スラブで 5 mm としてよい．q_d：コンクリートの水分浸透速度係数の設計値 [mm/$\sqrt{\text{時間 (hr)}}$] であり，式 (7.13) で求める.

$$q_d = \gamma_c \cdot q_k \tag{7.13}$$

ここに，γ_c：コンクリートの材料係数であり，一般に 1.3 としてよい．q_k：コンクリートの水分浸透速度係数の特性値 [mm/$\sqrt{\text{時間 (hr)}}$] であり，実験あるいはコンクリートの水結合材比 W/B および結合材の種類から推定されるコンクリートの水分浸透速度係数の予測値 q_p [mm/$\sqrt{\text{時間 (hr)}}$] を用いて設定してよい．なお，結合材が普通ポルトランドセメント，高炉セメント B 種，フライアッシュセメント B 種である場合には，q_p を式 (7.14) で求めてもよい.

$$q_p = 31.25 \cdot (W/B)^2 \qquad (\text{ただし，} 0.40 \leqq W/B \leqq 0.60) \tag{7.14}$$

> **例題 7.2**　通常の環境下におかれる一般的な構造物中の鉄筋コンクリートはりについて，中性化と水の浸透にともなう鋼材腐食に対する照査を行え．ただし，$t = 100$ 年，普通ポルトランドセメントを使用する普通コンクリート，$B = 340\,\text{kg/m}^3$，$W = 170\,\text{kg/m}^3$，$c = 50\,\text{mm}$，$\gamma_w = 1.15$，$\gamma_c = 1.3$，$\gamma_i = 1.0$ とする．また，水の供給条件としては降雨を想定し，特別な条件を検討しないものとする．さらに，$q_k = q_p$ と扱えるとする.

解

中性化と水の浸透にともなう鋼材腐食の照査式には，式 (7.9) を用いる.

$$\gamma_i \cdot \frac{s_d}{s_{\text{lim}}} \leqq 1.0$$

このうち，鋼材腐食深さの限界値 s_{lim} は，一般的な構造物なので，式 (7.10) を用いて算定する.

$$s_{\text{lim}} = 3.81 \times 10^{-4} \cdot c$$

ただし，問題文より $c = 50\,\text{mm}$ であり，$c > 35\,\text{mm}$ の場合にあたるため，s_{lim} はつぎの値としなければならない.

$$s_{\text{lim}} = 1.33 \times 10^{-2}\,\text{mm}$$

一方，鋼材腐食深さの設計値 s_d は，式 (7.11) を用いて算定する.

$$s_d = \gamma_w \cdot s_{dy} \cdot t$$

ここに，1 年あたりの鋼材腐食深さの設計値 s_{dy} は，式 (7.12) を用いて算定する．

$$s_{dy} = 1.9 \cdot 10^{-4} \cdot e^{-0.068 \cdot (c - \Delta c_e)^2 / q_d{}^2}$$

ここに，対象ははりなので，かぶりの施工誤差を $\Delta c_e = 10\,\mathrm{mm}$ とする．また，コンクリートの水分浸透速度係数の設計値 q_d は，式 (7.13) を用いて算定する．

$$q_d = \gamma_c \cdot q_k$$

ここに，問題文より $\gamma_c = 1.3$ である．コンクリートの水分浸透速度係数の特性値 q_k を設定するために，コンクリートの水分浸透速度係数の予測値 q_p を求める．問題文より，結合材には普通ポルトランドセメントを使用しており，$W = 170\,\mathrm{kg/m^3}$，$B = 340\,\mathrm{kg/m^3}$，すなわち，$W/B = 170/340 = 0.50$ であるので，式 (7.14) を用いて q_p を求めることができる．

$$q_p = 31.25 \cdot \left(\frac{W}{B}\right)^2 = 31.25 \cdot 0.50^2 = 7.81\,\mathrm{mm}/\sqrt{時間\,(hr)}$$

問題文より $q_k = q_p$ と扱えるので，

$$\therefore \quad q_d = 1.3 \cdot 7.81 = 10.2\,\mathrm{mm}/\sqrt{時間\,(hr)}$$

$$\therefore \quad s_{dy} = 1.9 \cdot 10^{-4} \cdot e^{-0.068 \cdot (50-10)^2 / 10.2^2} = 1.9 \cdot 10^{-4} \cdot 0.351$$

$$= 6.67 \times 10^{-5}\,\mathrm{mm/年}$$

問題文より $\gamma_w = 1.15$，$t = 100$ 年 であるので，

$$\therefore \quad s_d = \gamma_w \cdot s_{dy} \cdot t = 1.15 \cdot 6.67 \times 10^{-5} \cdot 100 = 7.67 \times 10^{-3}\,\mathrm{mm}$$

問題文より $\gamma_i = 1.0$ なので，つぎのようになる．

$$\gamma_i \cdot \frac{s_d}{s_{\lim}} = 1.0 \cdot \frac{7.67 \times 10^{-3}}{1.33 \times 10^{-2}} = 0.576 \quad \rightarrow \quad 0.58 \leqq 1.0$$

以上，中性化と水の浸透にともなう鋼材腐食に対する照査を終える．

7.2.4 塩害環境下における鋼材腐食に対する照査

塩害とは，コンクリート中に侵入した塩化物イオンによって鋼材が腐食し，構造物の性能が損なわれる現象のことをいう．

コンクリートは，通常，pH12〜13 の強いアルカリ性を有している†．そのため，埋設されている鋼材の表面には不動態皮膜が形成されており，これが鋼材の腐食を防いでいる．しかし，侵入した塩化物イオンが鋼材表面にまで達し，その濃度が限界値を超えると，不動態皮膜が破壊され，鋼材の腐食が進行する可能性が生じる．

---

† 正確にはコンクリート中の空隙を満たしている水の pH 値．

　示方書設計編では，塩害環境下における鋼材腐食に対する照査として，式 (7.15) に示されるように，鋼材位置における塩化物イオンの濃度の設計値 C_d の鋼材腐食発生限界濃度 $C_{\lim}$ に対する比に，構造物係数 γ_i を乗じた値が 1.0 以下であることを確かめるとされている．以下に，この照査方法について示す．

$$\gamma_i \cdot \frac{C_d}{C_{\lim}} \leqq 1.0 \tag{7.15}$$

ここに，γ_i：構造物係数であり，一般に 1.0〜1.1 としてよい．$C_{\lim}$：鋼材腐食発生限界濃度 [kg/m^3] であり，類似の構造物の実測結果や試験結果を参考に定めてよいが，それらによらない場合，式 (7.16)〜(7.19) を用いて定めてよい．ただし，W/C の範囲は 0.30〜0.55 とする．なお，凍結融解作用を受ける場合にはこれらの値よりも小さな値とするのがよい．

　（普通ポルトランドセメントを用いた場合）

$$C_{\lim} = -3.0(W/C) + 3.4 \tag{7.16}$$

　（高炉セメント B 種相当，フライアッシュセメント B 種を用いた場合）

$$C_{\lim} = -2.6(W/C) + 3.1 \tag{7.17}$$

　（低熱ポルトランドセメント，早強ポルトランドセメントを用いた場合）

$$C_{\lim} = -2.2(W/C) + 2.6 \tag{7.18}$$

　（シリカフュームを用いた場合）

$$C_{\lim} = 1.20 \tag{7.19}$$

　一方，C_d：鋼材位置における塩化物イオン濃度の設計値 [kg/m^3] であり，一般に式 (7.20) により求めてよい．

$$C_d = \gamma_{cl} \cdot C_0 \left\{ 1 - erf\left(\frac{0.1 \cdot c_d}{2\sqrt{D_d \cdot t}} \right) \right\} + C_i \tag{7.20}$$

ここに，γ_{cl}：鋼材位置における塩化物イオン濃度の設計値 C_d のばらつきを考慮した安全係数であり，一般に 1.3 としてよい．ただし，高流動コンクリートを用いる場合には 1.1 とする．C_0：コンクリート表面における塩化物イオン濃度 [kg/m^3] であり，一般に表 7.2 に示された値を用いる．c_d：耐久性に関する照査に用いるかぶりの設計値 [mm] であり，施工誤差を考慮して式 (7.21) で求める．C_i：初期塩化物イオン濃度 [km/m^3] であり，一般に 0.30 kg/m^3 としてよい．t：塩化物イオンの侵入に対する耐用年数 [年] であり，一般に式 (7.20) で算定する鋼材位置における塩化物イオン濃度に対しては 100 年を上限とする．D_d：塩化物イオンに対する設計拡散係数 [cm^2/年] で

表 7.2　コンクリート表面における塩化物イオン濃度 [1] C_0 [kg/m³]

		飛沫帯	海岸からの距離 [km]				
			汀線付近	0.1	0.25	0.5	1.0
飛来塩分が 多い地域	北海道，東北， 北陸，沖縄	13.0	9.0	4.5	3.0	2.0	1.5
飛来塩分が 少ない地域	関東，東海，近畿， 中国，四国，九州		4.5	2.5	2.0	1.5	1.0

1）コンクリート表面の塩分は，雨や風などによって洗い流される場合もあるが，この表中の値に
はそういった条件は反映されておらず，構造物中で飛来塩分量が多くなる部位での値である．

（土木学会コンクリート標準示方書，設計編，2017）

あり，一般に式 (7.22) により算定する．なお，式 (7.20) 中の $erf(s)$ は誤差関数であ
り，$erf(s) = (2/\sqrt{\pi}) \int_0^s e^{-\eta^2} d\eta$ で表される．

$$c_d = c - \Delta c_e \tag{7.21}$$

ここに，c：かぶり [mm]，Δc_e：かぶりの施工誤差 [mm] であり，一般に，柱および
橋脚で 15 mm，はりで 10 mm，スラブで 5 mm としてよい．

$$D_d = \gamma_c \cdot D_k + \lambda \cdot \frac{w}{l} \cdot D_0 \tag{7.22}$$

ここに，γ_c：コンクリートの材料係数であり，一般に 1.0 としてよい．ただし，上面の
部位に関しては 1.3 とする．なお，構造物中のコンクリートと標準養生供試体の間で
品質に差がない場合は，すべての部位において 1.0 としてよい．D_k：コンクリートの
塩化物イオンに対する拡散係数の特性値 [cm²/年] であり，たとえば，コンクリートの
使用材料や配合から求める場合には，式 (7.23)〜(7.26) を用いてよい．λ：ひび割れ
の存在が拡散係数におよぼす影響を表す係数であり，一般に 1.5 としてよい．w/l：ひ
び割れ幅とひび割れ間隔の比であり，一般に式 (7.27) で求めてよい．D_0：コンクリー
ト中の塩化物イオンの移動におよぼすひび割れの影響を表す定数 [cm²/年] であり，一
般に，400 cm²/年 としてよい．

（普通ポルトランドセメントを使用する場合）

$$\log_{10} D_k = 3.0(W/C) - 1.8 \tag{7.23}$$

（高炉セメント B 種相当，シリカフュームを使用する場合）

$$\log_{10} D_k = 3.2(W/C) - 2.4 \tag{7.24}$$

（低熱ポルトランドセメントを使用する場合）

$$\log_{10} D_k = 3.5(W/C) - 1.8 \tag{7.25}$$

（フライアッシュセメント B 種相当を使用する場合）

$$\log_{10} D_k = 3.0(W/C) - 1.9 \tag{7.26}$$

なお，式 (7.23)〜(7.26) は，水セメント比 W/C が 0.30 以上 0.55 以下のコンクリートの場合に適用できる．また，早強ポルトランドセメントを用いる場合には，実験により同様の式を求めるとよい．

$$\frac{w}{l} = \frac{\sigma_{se}}{E_s}\left(\text{ または } \frac{\sigma_{pe}}{E_p}\right) + \varepsilon'_{csd} \tag{7.27}$$

ここに，σ_{se}，σ_{pe}，ε'_{csd} の定義は式 (4.91) に準じ，曲げひび割れ幅 w の算定に用いた値を用いる．なお，温度ひび割れや収縮ひび割れなどの施工段階における初期ひび割れに対しても，ひび割れ間隔およびひび割れ幅を求めることで，塩害環境下における鋼材腐食に関する照査を行うことが原則である．しかし，これらの初期ひび割れに対して，ひび割れ間隔およびひび割れ幅を精度よく求めることは困難な場合も多い．そこで，初期ひび割れの間隔を求めることが困難な場合で，ひび割れ幅 w が 7.2.1 項で示した鋼材腐食に対するひび割れ幅の限界値 w_a 以下であれば，塩化物イオンに対する設計拡散係数 D_d は式 (7.28) で求めてよい．

$$D_d = D_k \cdot \gamma_c \cdot \beta_{cl} \tag{7.28}$$

ここに，β_{cl}：初期ひび割れの影響を考慮した係数で，1.5 としてよい．

　以上が塩害環境下における鋼材腐食に対する照査の基本的な流れであるが，この照査に合格することが困難な場合には，耐食性が高い補強材や防錆処置を施した補強材の使用，鋼材腐食を抑制するためのコンクリートの表面被覆，あるいは腐食の発生を防止するための電気化学的手法などを用いることが原則である．

　ほかにも，外部から塩化物イオンの影響を受ける環境（ここで想定されているほとんどの環境）の場合には，かぶりを粗骨材最大寸法の 1.5 倍以上にしなければならない．逆に，外部からの塩化物イオンの影響を受けない環境の場合には，練混ぜ時にコンクリートに含まれる塩化物イオンの総量が $0.30\,\text{kg/m}^3$ 以下であれば，塩害によって構造物の所要の性能が損なわれることはないと考えてよい．ただし，PC 鋼材を用いる場合などでは，この値をさらに小さくするのがよい．

　さらに，塩化カルシウムや塩化ナトリウムを主成分とする凍結防止剤の散布が予想される構造物においては，海岸からの距離が大きい場合であっても，塩害の発生について配慮するとともに，信頼できる防水工や排水工を適切に設けることによって，コンクリート中に塩化物イオンが侵入しないようにするのがよい．

例題 7.3 沖縄地方で海岸からの距離 0.1 km の地点におかれる重要構造物中の鉄筋コンクリート柱について，塩害環境下における鋼材腐食に対する照査を行え．ただし，$t = 75$ 年，高炉セメント B 種を使用する普通コンクリート，$C = 320\,\mathrm{kg/m^3}$，$W = 160\,\mathrm{kg/m^3}$，$c = 95\,\mathrm{mm}$，$C_i = 0.3\,\mathrm{kg/m^3}$ とする．また，$\gamma_{cl} = 1.3$，$\gamma_c = 1.0$，$\gamma_i = 1.1$ とし，凍結融解作用は受けず，ひび割れは発生しないとする．また，D_k はコンクリートの使用材料や配合から算定してよい．

解

塩害環境下における鋼材腐食に対する照査には，式 (7.15) を用いる．

$$\gamma_i \cdot \frac{C_d}{C_{\lim}} \leqq 1.0$$

このうち，鋼材腐食発生限界濃度 $C_{\lim}$ は，計算式を用いて算定することとする．ここでは高炉セメント B 種を用いているので，式 (7.17) を用いて算定する．

$$C_{\lim} = -2.6(W/C) + 3.1$$
$$= -2.6(160/320) + 3.1 = 1.8\,\mathrm{kg/m^3}$$

一方，鋼材位置における塩化物イオン濃度の設計値 C_d は，式 (7.20) を用いて算定する．

$$C_d = \gamma_{cl} \cdot C_0 \left\{ 1 - erf\left(\frac{0.1 \cdot c_d}{2\sqrt{D_d \cdot t}} \right) \right\} + C_i$$

ここに，問題文より $\gamma_{cl} = 1.3$，$t = 75$ 年，$C_i = 0.3\,\mathrm{kg/m^3}$ である．また，表 7.2 を参照して $C_0 = 4.5\,\mathrm{kg/m^3}$ である．かぶりの設計値 c_d は，式 (7.21) を用いて算定する．問題文より $c = 95\,\mathrm{mm}$，対象は柱なので，かぶりの施工誤差 $\Delta c_e = 15\,\mathrm{mm}$ として

$$c_d = c - \Delta c_e = 95 - 15 = 80\,\mathrm{mm}$$

また，塩化物イオンに対する設計拡散係数 D_d は，式 (7.22) を用いて算定する．

$$D_d = \gamma_c \cdot D_k + \lambda \cdot \frac{w}{l} \cdot D_0$$

ここに，問題文より，$\gamma_c = 1.0$ である．また，ひび割れは発生しないとするので，$w = 0$ であり，第 2 項は 0 となる．塩化物イオンに対する拡散係数の特性値 D_k は，高炉セメント B 種を使用しているので，式 (7.24) を用いて算定する．

$$\log_{10} D_k = 3.2(W/C) - 2.4 = 3.2(160/320) - 2.4 = -0.8$$
$$\therefore \quad D_k = 10^{-0.8} = 0.158\,\mathrm{cm^2/年}$$
$$\therefore \quad D_d = 1.0 \cdot 0.158 = 0.158\,\mathrm{cm^2/年}$$

以上より，鋼材位置における塩化物イオン濃度の設計値 C_d は，以下のようになる．式 (7.20) 中，$s = 0.1 c_d / 2\sqrt{D_d \cdot t}$ とすると，

$$\therefore \quad s = \frac{0.1 \times 80}{2\sqrt{0.158 \times 75}} = 1.162$$

したがって，

$$erf(s) = \frac{2}{\sqrt{\pi}} \int_0^s e^{-\eta^2}\, d\eta = \frac{2}{\sqrt{\pi}}\left(s - \frac{1}{3}s^3 + \frac{1}{5 \cdot 2!}s^5 - \frac{1}{7 \cdot 3!}s^7 \right)$$

$$= \frac{2}{\sqrt{\pi}}\left\{ 1.162 - \frac{1}{3}(1.162)^3 + \frac{1}{5 \times 2 \times 1}(1.162)^5 \right.$$

$$\left. - \frac{1}{7 \times 3 \times 2 \times 1}(1.162)^7 \right\}$$

$$= \frac{2}{1.772} \times 0.783 = 0.884$$

つまり，

$$C_d = 1.3 \times 4.5(1 - 0.884) + 0.3 = 0.979\,\mathrm{kg/m^3}$$

となる．問題文より，$\gamma_i = 1.1$ である．最終的に，

$$\gamma_i \cdot \frac{C_d}{C_{\lim}} = 1.1 \times \frac{0.979}{1.8} = 0.598 \quad \rightarrow \quad 0.60 < 1.0$$

となり，塩害環境下における鋼材腐食に対する照査を終える．

━ 演習問題 ━

7.1 近畿地方で海岸からの距離 0.1 km の地点におかれる一般構造物中の鉄筋コンクリート柱について，初期ひび割れを含めてひび割れ発生はなく，凍結融解作用は受けないものとして，中性化にともなう鋼材の腐食に対する照査を行え．ただし，$t = 100$ 年，普通ポルトランドセメントを使用する普通コンクリート，$C = 325\,\mathrm{kg/m^3}$，$W = 169\,\mathrm{kg/m^3}$，$c = 70\,\mathrm{mm}$，$\gamma_{cb} = 1.15$，$\beta_e = 1.6$，$\gamma_c = 1.0$，$\gamma_i = 1.0$ とする．ただし，$c_k = 15\,\mathrm{mm}$ とし，$\alpha_k = \alpha_p$ と扱えるとする．

7.2 上記 7.1 の鉄筋コンクリート柱について，中性化と水の浸透にともなう鋼材の腐食に対する照査を行え．ただし，$\gamma_w = 1.15$，$\gamma_c = 1.3$ とし，水の供給条件としては降雨を想定して特別な条件を検討しないものとする．さらに，$q_k = q_p$ と扱えるとする．ほかの条件はすべて上記 7.1 と同じとする．

7.3 上記 7.1 の鉄筋コンクリート柱について，塩害環境下における鋼材の腐食に対する照査を行え．ただし，$C_i = 0.30\,\mathrm{kg/m^3}$，$\gamma_{c1} = 1.3$，$\gamma_c = 1.0$，$\gamma_i = 1.0$ とし，D_k はコンクリートの配合や使用材料から算定してよい．ほかの条件はすべで上記 7.1 と同じとする．

第8章

疲　労

　繰返し作用によって部材が破壊することを，疲労破壊とよぶ．ここでは，鉄筋コンクリート部材における，疲労破壊に対する安全性の照査方法について学ぶ．また，それに先立ち，基礎的な知識として疲労作用と疲労強度，マイナー則について学ぶ．

8.1　はじめに

　道路橋や鉄道橋は自動車や列車の通行によって，また，海洋構造物は波浪によって，繰返し作用を受ける．静的破壊作用より小さい作用であっても，繰り返して部材に作用することで生じる破壊を，**疲労破壊** (fatigue failure) という．

　コンクリート構造では，部材断面に生じる応力度のうち，変動作用による応力度が占める割合が鋼構造の場合に比べて小さくなるため，疲労についてはそれほど考慮されてこなかった．しかし，厳しい繰返し作用を受ける構造物も存在しており，疲労破壊に対する合理的な安全性の照査はやはり重要である．

　通常，鉄筋コンクリート部材は，引張鉄筋の降伏が先行するように設計されているので，疲労破壊に対する安全性の照査は，一般に，繰返し引張応力が生じる鉄筋について行えばよい．しかし，湿潤状態にあるコンクリートおよび軽量コンクリートの疲労強度は低くなることが明らかになっており，このような場合には，コンクリートについても疲労破壊に対する照査を行う必要がある．また，はりにせん断補強鉄筋が配置されていない場合には，斜め引張応力による疲労破壊に対する照査を行う必要がある．

8.1.1　疲労作用と疲労強度

　道路橋への作用状態を考えると，図 8.1 に示すように永続的に作用する死荷重と，変動しながら繰返し作用する活荷重に分けられる．上限作用は死荷重と活荷重の和，下限作用は死荷重のみである．上限作用および下限作用によって生じる応力度を，それぞれ上限応力度 $\sigma_{\max}$ および下限応力度 $\sigma_{\min}$ とすると，応力振幅 σ_r は，$\sigma_r = \sigma_{\max} - \sigma_{\min}$ で表される．また，応力度の表示は，応力度 σ を静的強度 f_u で除した応力比 σ/f_u で表示されることが多い．

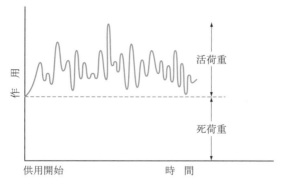

図 8.1　道路橋への作用状態

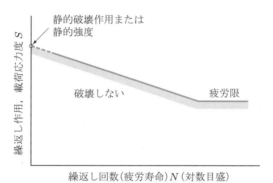

図 8.2　S–N 線図

材料の疲労強度は，縦軸に繰返し作用（または載荷応力度）S，横軸に破壊に至るまでの繰返し回数 N を描いた，図 8.2 に示す S–N 線図によって表される．

S が小さくなるほど，N は多くなる．ある S 以下になると何回繰返し載荷を行っても破壊しなくなり，これを**疲労限** (fatigue limit) とよぶ．一定の載荷応力度 S で破壊するまでの繰返し回数 N を，S における**疲労寿命** (fatigue life) といい，一定の繰返し回数 N に耐えられる応力度を，N に対する**疲労強度** (fatigue strength) という．

下限応力度の大きさにより疲労強度は変化し，その関係を一般化したものが図 8.3 に示す修正グッドマン (Goodman) 図である．この図は，縦軸に上限応力比を，横軸に下限応力比をとり，下限応力度 $\sigma_{\min}$ を一定とした疲労実験より得られた S–N 線図を用いて，要求回数（この例では $N = 2 \times 10^6$）に対応する上限応力比 $\sigma_{\max}/f_u$ を求めたものである．疲労寿命に対する $\sigma_{\max}$ と $\sigma_{\min}$ が関係づけられる．

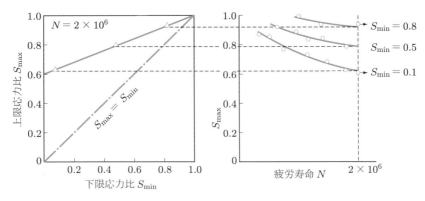

図 8.3 修正グッドマン図

8.1.2 マイナー則

一般に，構造物に生じる応力度は頻繁に変動している．応力度の変動を疲労寿命の算定に考慮する方法として，**マイナー則** (Miner's law) がある．これは，疲労による損傷を線形的に累積して評価する方法で，直線被害則ともよばれる．

いま，任意の応力振幅 σ_{ri} において，n_i 回の繰返し回数を受け，その疲労寿命が N_i である場合を考える．$n_i < N_i$ のとき，疲労による損傷度は n_i/N_i と考えることができ，$n_i = N_i$ となるとき，疲労破壊に至る．

変動する応力振幅 σ_{ri} $(i = 1, 2, \ldots, m)$ のすべての段階にそれぞれ対応する繰返し回数 n_i $(i = 1, 2, \ldots, m)$ が生じたあとの累積損傷度 M は，次式で表される．

$$M = \sum_{i=1}^{m} \frac{n_i}{N_i} \tag{8.1}$$

累積損傷度 $M \geqq 1$ のとき，疲労破壊が生じる．

$$\left.\begin{array}{ll} M \geqq 1 & \text{疲労破壊する} \\ M < 1 & \text{疲労破壊しない} \end{array}\right\} \tag{8.2}$$

例題 8.1 図 8.4 に示す 3 段階の応力振幅 σ_{r1}，σ_{r2}，σ_{r3} において，繰返し回数がそれぞれ n_1，n_2，n_3 である場合，$M < 1$ として，その余寿命を求める式を誘導せよ．

解

応力振幅 σ_{r1}，σ_{r2}，σ_{r3} が，それぞれ単独に作用したときの疲労寿命は，N_1，N_2，N_3 である．マイナー則を適用すると，次式となる．

$$M = \frac{n_1}{N_1} + \frac{n_2}{N_2} + \frac{n_3}{N_3} < 1$$

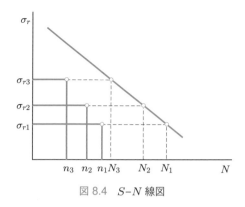

図 8.4　$S-N$ 線図

応力振幅 σ_{r4} に対するあまりの繰返し回数,すなわち余寿命 n_4 によって疲労破壊すると考えれば,次式が成立する.

$$M = \frac{n_1}{N_1} + \frac{n_2}{N_2} + \frac{n_3}{N_3} + \frac{n_4}{N_4} = 1$$

余寿命 n_4 は,つぎの式で求めることができる.

$$n_4 = N_4\left\{1 - \left(\frac{n_1}{N_1} + \frac{n_2}{N_2} + \frac{n_3}{N_3}\right)\right\}$$

8.2　疲労破壊に対する安全性の照査

8.2.1　安全性の照査方法

(1) 基　本

　疲労破壊に対する安全性の照査には,繰返し回数による方法と作用力による方法がある.示方書設計編にあるのは作用力による方法で,変動する応力度の疲労強度に対する比,または,変動する断面力の疲労耐力に対する比を用いて照査する方法が示されている.また,このうち前者を原則とすることも示されている.

a. 変動する応力度による方法

　設計変動応力度 σ_{rd} の,設計疲労強度 f_{rd} を部材係数 γ_b で除した値に対する比に,構造物係数 γ_i を乗じた値が 1.0 以下であることを確かめる.部材係数 γ_b は 1.0〜1.3 の値とする.ただし,設計疲労強度 f_{rd} は,材料の疲労強度の特性値 f_{rk} を材料係数 γ_m で除した値とする.

$$\gamma_i \cdot \frac{\sigma_{rd}}{f_{rd}/\gamma_b} \leqq 1.0 \tag{8.3}$$

b. 変動する断面力による方法

設計変動断面力 S_{rd} の，設計疲労耐力 R_{rd} に対する比に，構造物係数 γ_i を乗じた値が 1.0 以下であることを確かめる．ただし，設計変動断面力 S_{rd} は，設計変動作用 F_{rd} から求めた変動断面力 $S_r(F_{rd})$ に，構造解析係数 γ_a を乗じた値とする．設計疲労耐力 R_{rd} は，材料の設計疲労強度 f_{rd} から求めた部材断面の疲労耐力 $R_r(f_{rd})$ を，部材係数 γ_b で除した値とする．なお，この場合も部材係数 γ_b は 1.0～1.3 の値とする．

$$\gamma_i \cdot \frac{S_{rd}}{R_{rd}} \leqq 1.0 \tag{8.4}$$

（2）材料の設計疲労強度

a. コンクリートの設計疲労強度

コンクリートの疲労強度の特性値は，コンクリートの種類，構造物の露出条件などを考慮して行った試験によって求められた疲労強度に基づいて定めるものとする．

コンクリートの材料係数 γ_c は，一般に，疲労限界状態に対して 1.3 とする．

コンクリートの圧縮，曲げ圧縮，引張りおよび曲げ引張りの設計疲労強度 f_{rd} は，一般に，疲労寿命 N と永続作用による応力度 σ_p の関数として，式 (8.5) より求められる．

$$f_{rd} = k_{1f} f_d \left(1 - \frac{\sigma_p}{f_d}\right)\left(1 - \frac{\log_{10} N}{K}\right) \quad （ただし，N \leqq 2 \times 10^6） \tag{8.5}$$

ここに，f_d：コンクリートのそれぞれの設計強度 [N/mm^2] であり，その材料係数 γ_c を 1.3 として求めてよい．ただし，f_d は $f'_{ck} = 50\,\mathrm{N/mm^2}$ に対する各設計強度を上限とする．K：定数で，$K = 17$（一般の場合），$K = 10$（普通コンクリートで継続して，またはしばしば水で飽和される場合，および軽量骨材コンクリートの場合），k_{1f}：一般に，圧縮および曲げ圧縮の場合 $k_{1f} = 0.85$，引張りおよび曲げ引張りの場合 $k_{1f} = 1.0$，σ_p：永続作用によるコンクリートの応力度 [N/mm^2] であるが，交番作用を受ける場合には 0 とする．

b. 鉄筋の設計疲労強度

鉄筋の疲労強度の特性値は，鉄筋の種類，形状および寸法，継手の方法，作用応力の大きさと作用頻度，環境条件などを考慮して行った試験より求められた疲労強度に基づいて定めるものとする．

異形鉄筋の設計疲労強度 f_{srd} は，疲労寿命 N と永続作用による鉄筋の応力度 σ_{sp} の関数として，一般に式 (8.6) により求められる．

$$f_{srd} = \frac{190}{\gamma_s} \cdot \frac{10^\alpha}{N^k}\left(1 - \frac{\sigma_{sp}}{f_{ud}}\right) \quad （ただし，N \leqq 2 \times 10^6） \tag{8.6}$$

ここに，f_{ud}：鉄筋の設計引張強度 [N/mm^2] $(= f_{uk}/\gamma_s)$，f_{uk}：鉄筋の引張強度の特

性値 [N/mm²] である．式中の材料係数 γ_s は 1.05 としてよい．α および k は試験により定めるのが原則だが，疲労寿命が 2×10^6 回以下の場合は，

$$\left.\begin{array}{l} \alpha = k_{0f}(0.81 - 0.003\phi) \\ k = 0.12 \end{array}\right\} \tag{8.7}$$

としてよい．ここに，ϕ：鉄筋直径 [mm]，k_{0f}：鉄筋のふしの形状に関する係数で，一般に 1.0 としてよい．

　ガス圧接部の設計疲労強度は，一般に母材の場合の 70% としてよい．また，溶接により組立てを行う鉄筋，折曲げ部を有する鉄筋，および，せん断ひび割れとの交差部での疲労強度は，母材の場合の 50% としてよい．機械式継手の設計疲労強度は，試験によって確かめて定めるのがよい．

　なお，JIS 規格にない高強度鉄筋の設計疲労強度を求めるときには，式 (8.6) 中の α と k の値を，実際の鉄筋を用いた疲労試験や信頼できる資料から定めるのがよい．

（3）等価繰返し回数

　部材断面の疲労耐力が鋼材の疲労強度によって決まり，その S–N 線の勾配が式などによって与えられる場合には，設計変動断面力 S_{rd} に対する等価繰返し回数 N_{eq} はマイナー則を適用して，曲げモーメント (M_{rd}, M_{ri}) に対しては式 (8.8) から，また，せん断力 (V_{rd}, V_{ri}) に対しては式 (8.9) から，それぞれ求めることができる．

$$N_{eq} = \sum_{i=1}^{m} n_i \left(\frac{M_{ri}}{M_{rd}}\right)^{1/k} \tag{8.8}$$

$$N_{eq} = \sum_{i=1}^{m} n_i \left(\frac{V_{ri}}{V_{rd}} \cdot \frac{V_{ri} + V_{pd} - k_2 V_{cd}}{V_{rd} + V_{pd} - k_2 V_{cd}}\right)^{1/k} \tag{8.9}$$

ここに，k：鋼材の S–N 曲線の勾配を表す定数（一般に 0.12），V_{pd}：永続作用による設計せん断力 [N]，V_{cd}：せん断補強鋼材を有しない棒部材の設計せん断耐力 [N]，k_2：変動作用の頻度の影響を考慮するための係数（一般に 0.5）である．

　部材断面の疲労耐力がコンクリートの疲労強度により決まり，その設計疲労強度が式 (8.5) により与えられる場合には，設計変動断面力 S_{rd} に対する等価繰返し回数 N_{eq} は，マイナー則を適用して，式 (8.10) から求めることができる．

$$N_{eq} = \sum_{i=1}^{m} n_i \cdot 10^{K(S_{ri}-S_{rd})/\{k_{1f}S_d(1-\sigma_p/f_d)\}} \tag{8.10}$$

ここに，S_d：応力度が f_d に達するときの断面力，k_{1f}, f_d, K は，式 (8.5) において示した値を用いる．σ_p：永続作用による応力度 [N/mm²] である．

8.2.2 曲げに対する照査

（1）引張鉄筋の疲労に対する照査

鉄筋の引張疲労破断に対する照査を行う場合，変動作用による鉄筋の引張応力度を 4.5 節によって算定し，式 (8.3) および式 (8.6) を用いて照査する．

（2）コンクリートの圧縮疲労に対する照査

応力勾配が生じる繰返し作用を受ける場合，コンクリートの圧縮応力度（三角形分布）の合力作用位置が変化しなければ，その合力作用位置を図心とする等応力分布（矩形分布）と考えた見かけの応力度を繰返し応力の大きさとして，式 (8.3) および式 (8.5) を用いて照査する．

8.2.3 せん断に対する照査

（1）せん断補強鉄筋を有しないはり

せん断補強鉄筋を有しない棒部材の設計せん断疲労耐力 V_{rcd} は，一般に式 (8.11) により求めてよい．

$$V_{rcd} = V_{cd}\left(1 - \frac{V_{pd}}{V_{cd}}\right)\left(1 - \frac{\log_{10} N}{11}\right) \tag{8.11}$$

ここに，V_{cd}：設計せん断耐力 [N]（式 (5.15) による），V_{pd}：永続作用時における設計せん断力 [N]，N：疲労寿命である．

（2）せん断補強鉄筋を有するはり

せん断補強鉄筋の設計変動応力度は，一般に式 (8.12) および式 (8.13) により求めてよい．

$$\sigma_{wrd} = \frac{(V_{pd} + V_{rd} - k_r V_{cd})s}{A_w z(\sin\theta + \cos\theta)} \cdot \frac{V_{rd}}{V_{pd} + V_{rd} + V_{cd}} \tag{8.12}$$

$$\sigma_{wpd} = \frac{(V_{pd} + V_{rd} - k_r V_{cd})s}{A_w z(\sin\theta + \cos\theta)} \cdot \frac{V_{pd} + V_{cd}}{V_{pd} + V_{rd} + V_{cd}} \tag{8.13}$$

ここに，σ_{wrd}：せん断補強鉄筋の設計変動応力度 [N/mm²]，σ_{wpd}：永続作用によるせん断補強鉄筋の設計応力度 [N/mm²]，V_{rd}：変動作用による設計せん断力 [N]，k_r：変動作用の頻度の影響を考慮するための係数（一般に 0.5 としてよい），s：せん断補強鉄筋の配置間隔 [mm]，A_w：区間 s におけるせん断補強鉄筋の総断面積 [mm²]，z：圧縮応力の合力の作用位置から引張鉄筋図心までの距離 [mm]（一般に $d/1.15$ としてよい），d：有効高さ [mm]，θ：せん断補強鉄筋が部材軸となす角度である．

例題 8.2 ｜ 単鉄筋長方形断面（$b = 400\,\mathrm{mm}$，$d = 640\,\mathrm{mm}$，$h = 700\,\mathrm{mm}$，$A_s = 5\,\mathrm{D}\,25$，SD 295 A，$f'_{ck} = 30\,\mathrm{N/mm^2}$）に，下記に示す永続作用による曲げモーメント M_p および変動作用による曲げモーメント M_i とその回数 n_i がそれぞれ生じる．

$$M_p = 100\,\text{kN·m}$$

$$M_1 = 60\,\text{kN·m} \rightarrow n_1 = 10^8\ \text{回}$$

$$M_2 = 90\,\text{kN·m} \rightarrow n_2 = 10^7\ \text{回}$$

$$M_3 = 120\,\text{kN·m} \rightarrow n_3 = 10^6\ \text{回}$$

$$M_4 = 150\,\text{kN·m} \rightarrow n_4 = 10^5\ \text{回}$$

(1) 変動作用による設計曲げモーメント $M_d = 120\,\text{kN·m}$ に換算した等価繰返し回数 N_{eq} を求めよ．$\gamma_c = 1.3$, $\gamma_s = 1.05$ とする．

(2) この断面の曲げ疲労限界状態に対する安全性を照査せよ．$\gamma_b = 1.1$, $\gamma_a = 1.0$ とする．

解

(1) 等価繰返し回数 N_{eq} は，鉄筋の引張疲労破断とコンクリートの圧縮疲労破壊について求める．

1) 鉄筋の引張疲労破断による等価繰返し回数 N_{eq}

式 (8.8) を適用し，$k = 0.12$ を用いる．ここで，$M_{rd} = 120\,\text{kN·m}$ である．

$$N_{eq} = \sum n_i \left(\frac{M_{ri}}{M_{rd}}\right)^{1/k}$$

$$= 10^8 \times \left(\frac{60}{120}\right)^{1/0.12} + 10^7 \times \left(\frac{90}{120}\right)^{1/0.12}$$

$$+ 10^6 \times \left(\frac{120}{120}\right)^{1/0.12} + 10^5 \times \left(\frac{150}{120}\right)^{1/0.12}$$

$$= 2.86 \times 10^6\ \text{回}$$

2) コンクリートの圧縮疲労破壊による等価繰返し回数 N_{eq}

式 (8.10) を適用する．$S_{ri} = M_i$, $S_{rd} = 120\,\text{kN·m}$, S_d はコンクリートの縁圧縮応力度が設計圧縮強度 f'_{cd} に達するときの断面力である．$f'_{cd} = f'_{ck}/\gamma_c = 30/1.3 = 23.1\,\text{N/mm}^2$ である．

検討する応力度 σ'_{crd} は，長方形断面の場合，三角形分布の縁応力度の 3/4 を用いる．すなわち，$\sigma'_{crd} = (3/4)\sigma'_c$ となる．このとき，$\sigma'_{crd} = f'_{cd}$ とおけばよい．$k = x/d = 0.312$, $j = 1 - k/3 = 0.896$（例題 4.6 を参照）とする．

$$\sigma'_{cp} = \frac{3}{4} \cdot \frac{2M_p}{kjbd^2} = \frac{3}{4} \cdot \frac{2 \times 100 \times 10^6}{0.312 \times 0.896 \times 400 \times 640^2} = 3.27\,\text{N/mm}^2$$

$$S_d = \frac{4}{3} f'_{cd} \frac{kjbd^2}{2}$$

$$= \frac{4}{3} \times 23.1 \times \frac{0.312 \times 0.896 \times 400 \times 640^2}{2}$$

$$= 705 \times 10^6 \, \text{N} \cdot \text{mm}$$

$$= 705 \, \text{kN} \cdot \text{m}$$

$$N_{eq} = \sum_{i=1}^{m} n_i \cdot 10^{K(S_{ri}-S_{rd})/\{k_{1f}S_d(1-\sigma_p/f_d)\}}$$

$$= 10^8 \times 10^{\{17 \times (60-120)\}/\{0.85 \times 705 \times (1-3.27/23.1)\}}$$

$$\quad + 10^7 \times 10^{\{17 \times (90-120)\}/\{0.85 \times 705 \times (1-3.27/23.1)\}}$$

$$\quad + 10^6 \times 10^{\{17 \times (120-120)\}/\{0.85 \times 705 \times (1-3.27/23.1)\}}$$

$$\quad + 10^5 \times 10^{\{17 \times (150-120)\}/\{0.85 \times 705 \times (1-3.27/23.1)\}}$$

$$= 4.04 \times 10^6 \, \text{回}$$

（2）曲げ疲労限界状態に対する安全性は，鉄筋とコンクリートに分けて照査する．

1）鉄筋の疲労に対する安全性

設計曲げモーメント $M_{rd} \, (= \gamma_a \cdot M_d = 1.0 \times 120 \times 10^6)$ による鉄筋の応力度 σ_{srd}

$$\sigma_{srd} = \frac{M_{rd}}{A_s \cdot jd} = \frac{120 \times 10^6}{2\,533 \times 0.896 \times 640} = 82.6 \, \text{N/mm}^2$$

永続作用による鉄筋の応力度 σ_{sp}

$$\sigma_{sp} = \frac{M_p}{A_s \cdot jd} = \frac{100 \times 10^6}{2\,533 \times 0.896 \times 640} = 68.8 \, \text{N/mm}^2$$

鉄筋の設計疲労強度 f_{srd} は，式 (8.6) によって求める． $\alpha = k_{0f}(0.81 - 0.003\phi) = 1.0 \times (0.81 - 0.003 \times 25) = 0.735$, SD 295 A は $f_{uk} = 440 \, \text{N/mm}^2$, $f_{ud} = f_{uk}/\gamma_s = 440/1.05 = 419 \, \text{N/mm}^2$, $N = N_{eq} = 2.86 \times 10^6 \, \text{回}$ である．

$$f_{srd} = \frac{190}{\gamma_s} \cdot \frac{10^\alpha}{N^k} \left(1 - \frac{\sigma_{sp}}{f_{ud}}\right)$$

$$= \frac{190}{1.05} \cdot \frac{10^{0.735}}{(2.86 \times 10^6)^{0.12}} \left(1 - \frac{68.8}{419}\right) = 138 \, \text{N/mm}^2$$

鉄筋の疲労に対する安全性は，式 (8.3) によって照査する．

$$\gamma_i \cdot \frac{\sigma_{srd}}{f_{srd}/\gamma_b} = 1.0 \times \frac{82.6}{138/1.1} = 0.658 < 1.0 \quad \text{よって，安全である．}$$

2）コンクリートの疲労に対する安全性

$$N = N_{eq} = 4.04 \times 10^6, \quad \log_{10} N = 6.606$$

永続作用によるコンクリートの応力度 σ'_{cp}

$$\sigma'_{cp} = \frac{3}{4} \cdot \frac{2M_p}{kjbd^2} = \frac{3}{4} \cdot \frac{2 \times 100 \times 10^6}{0.312 \times 0.896 \times 400 \times 640^2} = 3.27 \, \text{N/mm}^2$$

コンクリートの圧縮疲労強度 f'_{crd} は $k_{1f} = 0.85$, $K = 17$ として，以下となる.

$$f'_{crd} = k_{1f} f'_{cd} \left(1 - \frac{\sigma'_{cp}}{f'_{cd}}\right) \left(1 - \frac{\log_{10} N}{K}\right)$$

$$= 0.85 \times 23.1 \times \left(1 - \frac{3.27}{23.1}\right) \times \left(1 - \frac{6.606}{17}\right) = 10.3 \, \text{N/mm}^2$$

変動作用によるコンクリートの応力度 σ'_{crd}

$$\sigma'_{crd} = \frac{3}{4} \cdot \frac{2 \times 120 \times 10^6}{0.312 \times 0.896 \times 400 \times 640^2} = 3.93 \, \text{N/mm}^2$$

コンクリートの疲労に対する安全性は，式 (8.3) によって照査する.

$$\gamma_i \cdot \frac{\sigma'_{crd}}{f'_{crd}/\gamma_b} = 1.0 \times \frac{3.93}{10.3/1.1} = 0.420 < 1.0 \qquad \text{よって，安全である.}$$

■ 演習問題 ■

8.1 永続作用による圧縮応力度 $\sigma_p = 0 \, \text{N/mm}^2$ および $8 \, \text{N/mm}^2$ の場合，疲労寿命 $N = 2 \times 10^6$ に対するコンクリートの疲労強度 f_{rd} を求め，比較せよ. $f'_{ck} = 24 \, \text{N/mm}^2$, $\gamma_c = 1.3$ とする.

8.2 空中および水中におけるコンクリートの疲労寿命 N を求め，比較せよ. ただし，永続作用による圧縮応力度 $\sigma_p = 8 \, \text{N/mm}^2$，変動応力 $\sigma_{rd} = 4 \, \text{N/mm}^2$, $f'_{ck} = 24 \, \text{N/mm}^2$, $\gamma_c = 1.3$ とする.

第9章

耐震設計

日本は地震国であり，構造物の耐震設計は必要不可欠である．本章では，地震力が構造物に作用する際のレベルや，構造モデルの基礎的な考え方を理解したあと，コンクリート構造物の耐震設計に関する基本的事項を学ぶ．さらに，道路橋示方書耐震設計編[9]で耐震設計法に採用されている地震時保有水平耐力法の流れを学ぶ．

9.1 はじめに

兵庫県南部地震（1995年）では，図9.1に示すような最大加速度818Galに達するような地震波形が観測され，多くの人命が失われるとともに，多くの構造物が損壊した．日本では，**耐震設計** (seismic design) がきわめて重要であるという教訓が改めて示されたのである．

地震に対する安全性を照査する耐震設計には，つぎの三つの方法がある．

1）**震度法**：構造物の弾性域の振動特性を考慮して，地震による作用を静的に作用させて設計する耐震設計法．

2）**地震時保有水平耐力法**：構造物の非線形域の変形性能や動的耐力を考慮して，地震による作用を静的作用と考えて設計する耐震設計法．

3）**動的解析法**：地震時における構造物の挙動を動力学的に解析して設計する耐震設計法．

通常は，震度法および地震時保有水平耐力法が適用される．

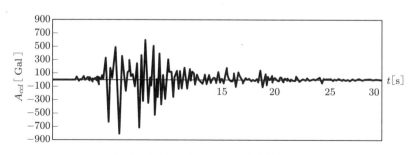

図 9.1 兵庫県南部地震で得られた地震波形
（神戸海洋気象台，NS 成分，最大 818 Gal）

9.2　設計地震と耐震性能

耐震設計において想定する地震動として，示方書設計編では，以下に示す二つのレベルの地震動が規定されている．

　1) レベル 1 地震動：設計供用期間中に生じる可能性が比較的高い地震動．

　2) レベル 2 地震動：当該地域における最大級の強さをもつ地震動．一般に，以下の地震動のうち，その影響の大きいほうとしてよい．

（ⅰ）直下もしくは近傍における内陸の活断層による地震動

（ⅱ）陸地近傍で発生する大規模なプレート境界地震による地震動

地震動の方向としては，水平方向および鉛直方向があるが，一般に水平方向の地震動が支配的であるため，水平方向の地震動に対する耐震設計が行われる．

構造物が保有すべき耐震性能には，つぎに示す三つがある．

　1) 耐震性能 1：地震時に機能を保持し，地震後にも機能は健全で，補修をせずに使用可能である．

　2) 耐震性能 2：地震後に機能が短期間で回復でき，補強を必要としない．

　3) 耐震性能 3：地震によって構造物全体系が崩壊しない．

一般の構造物における耐震設計は，以下の検討を行えばよい．

① レベル 1 地震動→耐震性能 1 を満足する．

② レベル 2 地震動→耐震性能 2 または耐震性能 3 を満足する．

耐震設計の流れは，図 9.2 に示すとおりである．

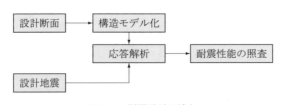

図 9.2　耐震設計の流れ

9.3　構造モデル

構造物に地震力が作用する際の挙動を解析するには，構造モデルを設定し，不規則な強制振動の理論を適用する必要がある．以下に，地震動に対する基本的な構造モデル，および強制振動の理論について説明する．

図 9.3（a）に示すような地盤に固定された棒状構造物が，地盤の振動によって水平

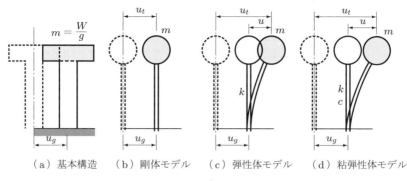

（a）基本構造　　（b）剛体モデル　　（c）弾性体モデル　　（d）粘弾性体モデル

図 9.3 1質点系の構造モデル

変位 u_g を生じる場合について考える．ここでは，構造モデルとして剛体モデル，弾性体モデル，および粘弾性体モデルを取り上げる．まず，図（a）をモデル化すると，図（b）に示す，上端に質量 m をもった1質点の線部材とみなせる．

　剛体モデルは，図（b）に示すとおり，線部材は剛体としてまったく変形しないと仮定する．地震力 F は，地震動によって質量 m の中心に生じる慣性力であると考える．この場合，質点の変位 u_t と地盤の変位 u_g は等しい（$u_t = u_g$）．ゆえに，F は次式で表せる．

$$F = m \cdot \alpha = \frac{W}{g} \cdot \ddot{u}_t = \frac{W}{g} \cdot \ddot{u}_g = \frac{\ddot{u}_g}{g} \cdot W = k_h \cdot W \tag{9.1}$$

ここに，F：地震力 [N]，m：質点の質量 [kg]，α：加速度 [m/s^2]，g：重力加速度 [m/s^2]，W：質量 m の自重 [N]，$\ddot{u}_t$：質点の全変位 u_t（絶対変位）を二階微分した加速度 [m/s^2]，$\ddot{u}_g$：地盤の地震加速度 [m/s^2]，k_h：水平震度である．

　剛体モデルでは，地盤の**地震加速度** (seismic acceleration) がそのまま構造物に作用し，地震力 F は構造物の質量に水平震度をかけることによる静的な力として求められる．これが震度法とよばれる耐震設計法の基本となる．

　弾性体モデルは，図 9.3（c）に示すとおり，水平方向のみ変形が可能である1自由度の構造モデルである．すなわち，線部材が弾性変形すると仮定する．この場合，地震力は，慣性力と復元力の和であると考え，つぎの式で表される．質点の全変位 u_t は，地盤の変位 u_g と質点のもとの位置からの変位 u の和に等しい（$u_t = u_g + u$）．

$$慣性力 + 復元力 = 0 \tag{9.2}$$

$$m(\ddot{u} + \ddot{u}_g) + ku = 0 \tag{9.3}$$

$$m\ddot{u} + ku = -m\ddot{u}_g \tag{9.4}$$

$$\frac{W}{g}\ddot{u} + ku = -\frac{W}{g}\ddot{u}_g \tag{9.5}$$

ここに，u：質点のもとの位置からの変位，いわゆる相対変位 [m]，$\ddot{u}$：u を二階微分した加速度 [m/s²]，k：線部材のばね定数 [N/m] である．

つぎに，粘弾性体モデルは，図 9.3（d）に示すとおり，粘性による振動の減衰を考慮したモデルで，線部材が弾性変形および粘性変形すると仮定する．地震力は，式 (9.4)および式 (9.5) に粘性変形の項を加えることによって求められ，つぎの式で表される．質点の全変位 u_t は，地盤の変位 u_g と線部材の弾性・粘性による変位 u の和に等しい$(u_t = u_g + u)$．

$$慣性力 + 粘性減衰力 + 復元力 = 0 \tag{9.6}$$

$$m(\ddot{u} + \ddot{u}_g) + c\dot{u} + ku = 0 \tag{9.7}$$

$$m\ddot{u} + c\dot{u} + ku = -m\ddot{u}_g \tag{9.8}$$

$$\frac{W}{g}\ddot{u} + c\dot{u} + ku = -\frac{W}{g}\ddot{u}_g \tag{9.9}$$

ここに，$\dot{u}$：相対変位 u を一階微分した速度 [m/s]，c：減衰係数 [N·s/m] である．

式 (9.8) および式 (9.9) は，動的解析法において基礎となる運動方程式である．これらの式を解いて地震加速度波形を入力すれば，構造物の挙動が解析できる．

9.4　鉄筋コンクリート構造物の耐震挙動

鉄筋コンクリート構造物は，一般に図 9.4 に示すように，コンクリートのひび割れ，鉄筋降伏，終局状態を経て，曲げ破壊に至る非線形挙動を示す．せん断破壊に至る場合は小さい変位で破壊する．

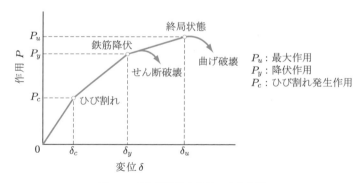

図 9.4　RC 構造物の作用 − 変位曲線

図 9.5 に，水平地震作用を受ける鉄筋コンクリート橋脚の破壊形式を示す．曲げ破壊では，曲げひび割れの進展と主鉄筋の降伏によって大きな変形が生じ，最終的に水平耐力が失われる．せん断破壊は，斜めひび割れの拡大によって軸線がずれ，主鉄筋が座屈し全体が破壊に至る．曲げ破壊では，水平耐力が失われたあとも軸力は地盤に伝達されるが，せん断破壊では，水平耐力が失われると同時に軸力も地盤に伝達されなくなる．したがって，鉄筋コンクリート橋脚の耐震設計においては，破壊形式がせん断破壊になることを避けなければならない．

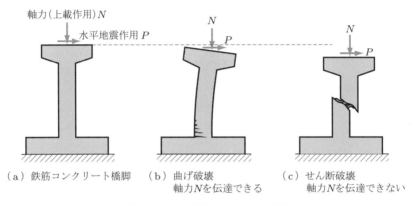

図 9.5　地震作用を受ける鉄筋コンクリート橋脚の破壊形式

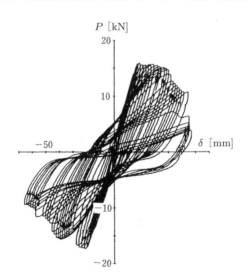

図 9.6　RC 橋脚の作用 – 変位履歴曲線
（国土開発技術センター：震災構造物の復旧技術の開発に関する報告書，1986）

　鉄筋コンクリート橋脚における作用と変位の履歴曲線を図 9.6 に示す．正負の繰返し作用によって部材がダメージを受け，耐力が徐々に低下していく様子がわかる．ただし，数回程度の繰返し作用を受けただけでは，構造物としての耐力をすべて失ってはいないこともわかる．このように，耐震設計では，構造物の粘り強さを表す靱性をいかに確保するかが重要となる．

▌**9.5**　応答解析とスペクトル法

　不規則な加速度が構造物に与えられると，それに応じて，構造物には不規則な揺れが生じる．図 9.7 において，構造物の地震時の応答について説明する．図 9.7 (a) は構造物に入力された地震波形である．そのときの構造物の応答を図 9.7 (b) に示す．短周期 T_1 の質点をもつ構造物は速く揺れ，長周期 T_2 の質点をもつ構造物はゆっくり揺れることを示している．つぎに，その時刻歴のなかで得られた最大応答加速度を，構造物の固有周期 T と対応させて図化したものが，図 9.7 (c) に示す応答スペクトル図である．この図から，入力地震動における構造物の最大応答値と固有周期の関係が推定できる．

▌**9.6**　地震時保有水平耐力法（道路橋示方書耐震設計編）

　道路橋示方書耐震設計編 [9] では，規模の大きい地震が生じた場合は，構造部材の耐力を向上させるだけで地震に抵抗するには限界があるとの考えから，地震時保有水平耐力法の使用も想定されている．地震時保有水平耐力法は，構造物の非線形域の変形能力や動的耐力を考慮して，地震による作用を静的に作用させて設計する方法で，応答スペクトル法を適用している．ここでは，単柱式の鉄筋コンクリート橋脚に対する地震時保有水平耐力法による耐震設計手法を述べる．なお，詳細な計算過程は割愛する．

　設計では，まず，橋脚の破壊形式を式 (9.10) に従って判定する．

$$\left.\begin{array}{ll} P_u \leqq P_s & : \text{曲げ破壊型} \\ P_s < P_u \leqq P_{s_0} & : \text{曲げ損傷からせん断破壊移行型} \\ P_{s_0} < P_u & : \text{せん断破壊型} \end{array}\right\} \quad (9.10)$$

ここに，P_u：橋脚の終局水平耐力 [N]，P_s：橋脚のせん断力の制限値 [N]，P_{s_0}：荷重の正負交番繰返し作用の影響に関する補正係数 c_c を 1.0 とした場合の橋脚のせん断力の制限値 [N] である．橋脚の終局水平耐力 P_u は，橋脚基部の断面が限界状態 2（最外縁の鉄筋の引張ひずみが降伏点を超えてかなり進んだ状態，もしくは，最外縁の軸方

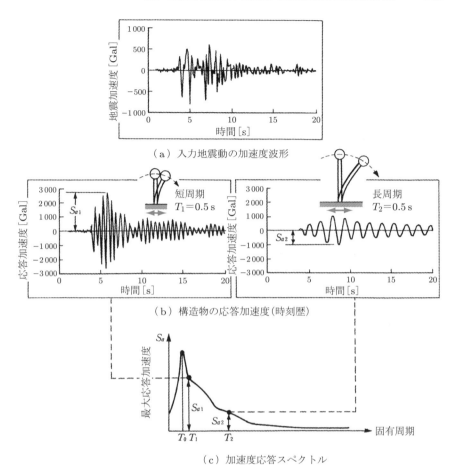

（a）入力地震動の加速度波形

（b）構造物の応答加速度（時刻歴）

（c）加速度応答スペクトル

図 9.7 構造物の地震応答と応答スペクトル
（吉川弘道：鉄筋コンクリートの設計，丸善，1997）

向圧縮鉄筋の位置におけるコンクリートの圧縮ひずみが限界圧縮ひずみに達した状態）
を想定して，式 (9.11) によって求める．

$$P_u = \frac{M_{ls2}}{h} \tag{9.11}$$

ここに，M_{ls2}：限界状態 2 に相当する曲げモーメント [N·mm]，h：橋脚基部から上
部構造の慣性力の作用位置までの距離 [mm] である．一方，橋脚のせん断力の制限値
P_s および P_{s_0} は，橋脚断面の寸法や軸方向鉄筋量，コンクリートの強度やせん断補強
鉄筋の配置状況から計算によって求める．なお，以上の計算に用いるコンクリートや
鉄筋の応力 – ひずみ曲線は，本節以外で用いられているそれらとは異なるため，注意
が必要である．

橋脚の破壊形式が判定できれば,橋脚の耐荷性能の照査が可能となる.たとえば,破壊形式が「曲げ破壊型」と判定されたとし,限界状態 2（部材の挙動は可逆性を失うものの,耐荷力は想定の範囲で確保できる限界の状態）に対しての照査を行う場合には,

a) 橋脚に生じる水平変異 δ_r が水平変位の制限値 δ_{ls2d} を超えないこと

b) 橋脚に生じるせん断力がせん断力の制限値 P_s を超えないこと

c) 橋脚に生じる残留変位 δ_R が残留変位の制限値を超えないこと

について確認する.また,これらに加えて,次節で述べる構造細目を満足することも確認する.なお,地震による荷重が作用する方向を予測することは困難であるため,ここで述べてきた照査は,橋脚の橋軸方向だけでなく,橋軸直角方向についても実施しなければならない.

9.7 構造細目（道路橋示方書耐震設計編）

道路橋示方書耐震設計編[9] では,鉄筋コンクリート橋脚の耐震性能を確保するための構造細目について,一般に,以下のように規定している.

a) 軸方向鉄筋は,地震時保有水平耐力が確実に保持できるように配置する.

b) 横拘束鉄筋は,軸方向鉄筋のはらみ出しを抑制する効果と横拘束鉄筋で囲まれるコンクリートを拘束する効果を,確実に発揮できるような形式および間隔で配置する.

以上の規定を満足するために,橋脚の破壊形式が曲げ破壊になるように設計すること,最低限確保すべき地震時保有水平耐力,使用する帯鉄筋の直径および配置間隔の上限値を満足することなどが規定されている.また,軸方向鉄筋の段落とし[†] は原則として行ってはならないことも規定されている.

━ 演習問題 ━

9.1 鉄筋コンクリート構造物の耐震設計に関するつぎの記述のうち,誤っているものの番号を答えよ.

（1）設計法には,震度法,地震時保有水平耐力法,動的解析法があるが,通常は,震度法および地震時保有水平耐力法が用いられる.

（2）レベル 2 地震動とは,設計供用期間中に生じる可能性が比較的高い地震動である.

---

† 橋脚にあたる鉄筋コンクリート柱の中間部において,軸方向鉄筋の本数を減らすこと.兵庫県南部地震でも段落とし部で損壊した柱が多くあり,以降の示方書では原則として行わないことになっている.

（3）一般に，構造物はレベル 2 地震動を受けても，耐震性能 1 を満足するように設計しなければならない．

（4）構造モデルのうち剛体モデルでは，(地震力) = (構造部の質量) × (水平震度) として地震力を求めることができ，これが震度法の基本となっている．

（5）鉄筋コンクリート橋脚が破壊したとして，曲げ破壊の場合はそのあとも軸力を地盤に伝達することができるが，せん断破壊の場合はそれができなくなる．したがって，鉄筋コンクリート構造の耐震設計においては，破壊形式がせん断破壊になることを避けるべきである．

（6）構造物は，短い周期（短周期）の地震波を受けると，ゆっくりと揺れる．

（7）道路橋示方書耐震設計編では，震度法が採用されている．

（8）適切に配置された横拘束鉄筋には，軸方向鉄筋のはらみ出しを抑制する効果および横拘束鉄筋で囲まれるコンクリートを拘束する効果がある．

第10章

一般構造細目

　鉄筋コンクリート構造物やプレストレストコンクリート構造物が計算どおりに挙動し，所要の使用性や安全性，耐久性，復旧性などを有するためには，計算では定めにくい構造細目を守る必要がある．

　この章では，示方書設計編で規定されている一般的な構造細目について述べるが，部材の種類や構造別に構造細目が定められている場合には，その規定を優先して適用する．

10.1 かぶり

　かぶりとは，もっとも外側にある鋼材あるいはシース†の表面とコンクリート表面との最短距離をいう（図10.1参照）．かぶりは，① 鋼材の腐食防止，② 火災に対する鋼材の保護，③ 鉄筋が十分な付着強度を発揮するためなどに必要である．したがって，コンクリートの品質，鉄筋直径，環境条件，構造物の重要度，施工誤差などを考慮して必要なかぶりを定める．

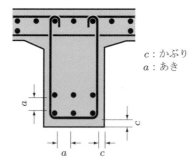

c：かぶり
a：あき

図 10.1　鉄筋のあきおよびかぶり
（土木学会コンクリート標準示方書，設計編，2017）

---

†　PC部材で，PC鋼材を収容するため，あらかじめコンクリート中にあけておく孔（これをダクトという）を形成するための筒

10.1.1 かぶりの最小値

鉄筋のかぶりの最小値は，図 10.2 に示すように，鉄筋の直径または耐久性を満足するかぶりのいずれか大きい値（耐火性を要求しない場合）に施工誤差を考慮した値とする．

$$c \geqq c_d + \Delta c_e \tag{10.1}$$

ここに，c：かぶり（粗骨材最大寸法の 4/3 以上とすることが望ましい），c_d：鉄筋の直径または耐久性を満足するかぶりのいずれか大きい値（異形鉄筋の場合は，その公称径を鉄筋の直径としてよい），Δc_e：施工誤差[†]である．

なお，飛来塩分による塩害，凍害，化学的侵食のおそれのない「一般の環境」下において建設される通常のコンクリート構造物は，表 10.1 に示すコンクリートの水セメント比 W/C とかぶりを満足し，かつ，ひび割れ幅が第 7 章に示すひび割れ幅の限界値を満足している場合，中性化の照査に合格するものと考えてよい．

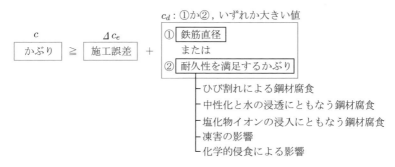

図 10.2　かぶりの算定（耐火性を要求しない場合）
（土木学会コンクリート標準示方書，設計編，2017）

表 10.1　標準的な耐久性[1)]を満足する構造物の最小かぶりと最大水セメント比

	W/C [2)] の最大値	かぶり c の最小値 [mm]	施工誤差 Δc_e [mm]
柱	50	45	15
はり	50	40	10
スラブ	50	35	5
橋脚	55	55	15

1) 設計耐用年数 100 年を想定
2) 普通ポルトランドセメント，高炉セメント B 種，フライアッシュセメント B 種を使用

（土木学会コンクリート標準示方書，設計編，2017）

[†] 施工誤差 Δc_e は，最大でかぶりの値の 10% 程度であることが調査結果でわかっている．

　表 10.1 は，一般環境下にあっても完成後の点検および補修が困難な場合，施工条件が厳しい場合，プレキャスト部材を用いる場合などは想定していない．これらの場合は，要求された耐久性を満足することを，第 7 章の耐久性照査に基づいて確認しなければならない．

10.1.2　かぶりに関する補足

① 防錆効果の確認された特殊な鉄筋および品質の確認された保護層を設ける場合には，環境条件を一般の環境と考えてよい．

② フーチングおよび構造物の重要な部材で，コンクリートが地中に打ち込まれる場合は，かぶりは 75 mm 以上とする．

③ 水中で施工する鉄筋コンクリートのかぶりは 100 mm 以上とする．

④ 場所打ち杭などの場合には，かぶりは 150 mm 程度とするのがよい．

⑤ 流水そのほかによる擦り減りのおそれのある部分では，かぶりを普通より 10 mm 以上増す．

⑥ 酸性河川中の場合および強い化学作用を受ける場合は，かぶりを厚くするだけでは劣化を防ぐことはできないので，保護層などで対処する．

⑦ とくに耐火を必要とする構造物では，最小かぶりは表 10.1 の値に 20 mm 程度を加える．

⑧ 束ねた鉄筋のかぶりのとり方は，束ねた鉄筋の表面からとして，それぞれ規定の最小値以上とする（図 10.3 参照）．

10.2　あ き

　あきとは，互いに隣り合う鉄筋，PC 鋼材，あるいはシースの水平方向および鉛直方向の純間隔をいう（図 10.1 参照）．

　示方書設計編では，これらのあきは，コンクリートが鉄筋の周囲に確実にいきわたり，十分に付着力が発揮できるよう，以下のように定めている．

① はりにおける軸方向鉄筋の水平あきは 20 mm 以上，粗骨材の最大寸法の 4/3 倍以上，鉄筋直径以上とする．

② 2 段以上に軸方向鉄筋を配置する場合，一般にその鉛直のあきは 20 mm 以上，鉄筋直径以上とする．

③ 柱における軸方向鉄筋のあきは，40 mm 以上，粗骨材最大寸法の 4/3 以上，鉄筋直径の 1.5 倍以上とする．

④ 直径 32 mm 以下の異形鉄筋を用いる場合で，複雑な鉄筋の配置によりコンクリー

トの十分な締固めが行えない場合，はりおよびスラブなどの水平の軸方向鉄筋は
2本ずつを束ねて，柱および壁などの鉛直軸方向鉄筋は2本または3本ずつ束ね
て，これを配置してよい（図10.4参照）．この場合の鉄筋のあきのとり方は，束
ねた鉄筋をその断面積の和に等しい断面積の1本の鉄筋と考えて，図10.3に示す
方法を適用する．

⑤ 工場製作される鉄筋コンクリート構造の各部材の鉄筋のあきは，現場打ちされる
場合に比べて適切に減じた値としてよい．

⑥ 継手部と隣接する鉄筋のあき，または継手部相互のあきは，粗骨材の最大寸法以
上とする．

⑦ 鉄筋を配置したあとに継手を施工する場合には，継手施工用の機器などが挿入で
きるあきを確保しておく．

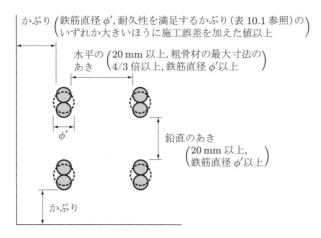

図10.3 束ねた鉄筋のかぶりおよびあき
（土木学会コンクリート標準示方書，設計編，2017）

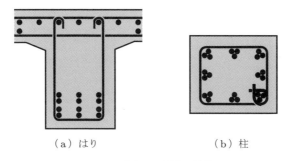

（a）はり　　　　　　　　（b）柱

図10.4 束ねて配置する鉄筋
（土木学会コンクリート標準示方書，設計編，2017）

10.3　鉄筋の曲げ形状

　鉄筋は，引抜き抵抗力を増すために，端部を折り曲げて**フック**を付けたり，スターラップなどのように曲げ加工して使用する場合がある．

　このような場合，曲げ半径が小さすぎると鉄筋の材質を傷めたり，コンクリートの施工に支障をきたすことになる．そのため鉄筋の曲げ半径は，内部コンクリートに大きな支圧力を加えないことなども考慮して，以下のように定められている．

10.3.1　フック

（1）標準フック

　標準フックとして図10.5に示すように，半円形フック，鋭角フックあるいは直角フックがある．

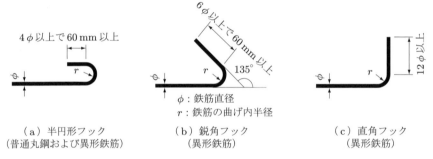

ϕ：鉄筋直径
r：鉄筋の曲げ内半径

　　（a）半円形フック　　　　　　　（b）鋭角フック　　　　　　　（c）直角フック
（普通丸鋼および異形鉄筋）　　　　（異形鉄筋）　　　　　　　　（異形鉄筋）

図10.5　鉄筋端部のフックの形状
（土木学会コンクリート標準示方書，設計編，2017）

（2）軸方向鉄筋のフック

　① 軸方向引張鉄筋に普通丸鋼を用いる場合には，つねに半円形フックを設ける．

　② 軸方向鉄筋のフックの曲げ内半径は，表10.2の値以上とする．

（3）スターラップおよび帯鉄筋のフック

　① 普通丸鋼の場合：スターラップおよび帯鉄筋ともに半円形フックを設ける．

　② 異形鉄筋の場合：スターラップは直角フックまたは鋭角フック，帯鉄筋は原則として半円形フックまたは鋭角フックを設ける．

　③ フックの曲げ内半径は，表10.2の値以上とする．ただし，$\phi \leqq 10\,\mathrm{mm}$のスターラップは$1.5\phi$の曲げ内半径でよい．

表 10.2 フックの曲げ内半径

種　類		曲げ内半径 r	
		フック	スターラップおよび帯鉄筋
普通丸鋼	SR 235	2.0ϕ	1.0ϕ
	SR 295	2.5ϕ	2.0ϕ
異形棒鋼	SD 295 A, B	2.5ϕ	2.0ϕ
	SD 345	2.5ϕ	2.0ϕ
	SD 390	3.0ϕ	2.5ϕ
	SD 490	3.5ϕ	3.0ϕ

（土木学会コンクリート標準示方書，設計編，2017）

10.3.2　そのほかの鉄筋

① 折曲げ鉄筋の曲げ内半径は，鉄筋直径の 5 倍以上とする（図 10.6 参照）．ただし，コンクリート部材の側面から $2\phi + 20\,\mathrm{mm}$ 以内の距離にある鉄筋を折曲げ鉄筋として用いる場合には，その曲げ内半径を鉄筋直径の 7.5 倍以上にする．

② ラーメン構造の隅角部の外側に沿う鉄筋の曲げ内半径は，鉄筋直径の 10 倍以上とする（図 10.7 参照）．

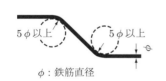

ϕ：鉄筋直径

図 10.6　折曲げ鉄筋の曲げ内半径
（土木学会コンクリート標準示方書，
設計編，2017）

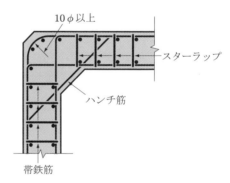

図 10.7　ハンチ，ラーメンの隅角部などの鉄筋
（土木学会コンクリート標準示方書，
設計編，2017）

10.4　鉄筋の定着

　鉄筋コンクリートが外力に対して，鉄筋とコンクリートが一体となってはたらくためには，鉄筋端部の**定着**がきわめて重要である．

　鉄筋端部の定着について，以下の規定がある．

10.4.1　一般的事項

① 鉄筋端部は，コンクリート中に十分埋め込んで，鉄筋とコンクリートとの付着力によって定着するか，フックを付けて定着するか，または定着具などを取り付けて機械的に**定着**する.

② 普通丸鋼の端部は，必ず半円形フックを設ける.

③ スラブまたははりの正鉄筋（正の曲げモーメントに対する主鉄筋）の少なくとも 1/3 は，曲げ上げないで支点を超えて定着する.

④ スラブまたははりの負鉄筋（負の曲げモーメントに対する主鉄筋）の少なくとも 1/3 は，反曲点（曲げモーメントの正負が変わる点）を超えて延長し，圧縮側で定着するか，つぎの負鉄筋と連続させる.

⑤ 折曲げ鉄筋は，その延長を正鉄筋または負鉄筋として用いるか，または折曲げ鉄筋端部をはりの上面または下面に所要のかぶりを残してできるだけ接近させ，はりの上面または下面に平行に折り曲げて水平に延ばし，圧縮側のコンクリートに定着する.

⑥ スターラップは，正鉄筋または負鉄筋を取り囲み，その端部を圧縮側のコンクリートに定着する.

⑦ 帯鉄筋の端部には，軸方向鉄筋を取り囲んで半円形フックまたは鋭角フックを設ける.

⑧ らせん鉄筋は 1 巻き半余分に巻きつけて，らせん鉄筋に取り囲まれたコンクリート中に，これを定着する. ただし，塑性ヒンジ領域では，その端部を重ねて 2 巻き以上とする.

⑨ 中間帯鉄筋（帯鉄筋の拘束効果が低下しないように帯鉄筋の中間に配置する鉄筋）には，標準フックの代替として定着具を設けて，機械式定着としてよい. 機械式定着には，その性能や適用範囲が適切に評価されたものを用いなければならない.

10.4.2　鉄筋の定着長算定位置

鉄筋の定着長とは，設計断面における鉄筋応力を伝達するために必要な鉄筋の埋込み長さをいう.

曲げ部材における軸方向引張鉄筋の定着長の算定は，以下の①〜④に示した位置を起点として行う（図 10.8 参照）. ここに，l_s は，一般に部材断面の有効高さとしてよい.

① 曲げモーメントが極値をとる断面から l_s だけ離れた位置.

② 曲げモーメントに対して計算上鉄筋の一部が不要となる断面から，曲げモーメントが小さくなる方向へ l_s だけ離れた位置.

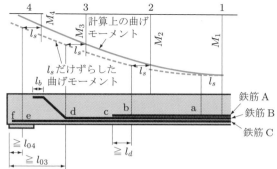

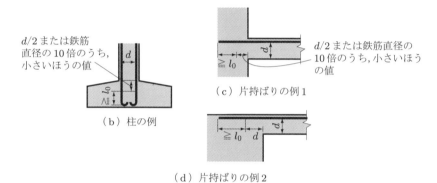

図 10.8　鉄筋の定着長算定位置の例
（土木学会コンクリート標準示方書，設計編，2017）

③ 柱の下端では，柱断面の有効高さの 1/2 または鉄筋直径の 10 倍のいずれか小さい値だけフーチング内側に入った位置．

④ 片持ばりなどの固定端では，原則として引張鉄筋の端部が定着部において，上下から拘束されている場合には，断面の有効高さの 1/2 または鉄筋直径の 10 倍のいずれか小さい値だけ，また引張鉄筋の端部が定着部において，上下から拘束されていない場合には断面の有効高さだけ定着部内に入った位置．

10.4.3　鉄筋の基本定着長

鉄筋とコンクリートの付着力は，鉄筋の種類，コンクリートの強度，かぶり，横方向鉄筋の状態などによって影響されるので，鉄筋の基本定着長を定める場合にも，これらのことを考慮する必要がある．

a) 引張鉄筋の基本定着長 l_d は，次式により求める．ただし，20ϕ 以上とする．

$$l_d = \alpha \cdot \frac{f_{yd}}{4f_{bod}} \cdot \phi \geqq 20\phi \qquad\qquad (10.2)^{\dagger}$$

ここに，ϕ：主鉄筋の直径 [mm]，f_{yd}：鉄筋の設計引張降伏強度 [N/mm^2] である．f_{bod}：コンクリートの設計付着強度 [N/mm^2] で，γ_c は 1.3 として，JIS G 3112 の規定を満足する異形鉄筋については $f_{bod} = 0.28f'_{ck}{}^{2/3}$ より求めてよい．ただし，$f_{bod} \leqq 3.2\,\mathrm{N/mm^2}$，普通丸鋼の場合は異形鉄筋の場合の 40% とし，鉄筋端部に半円形フックを設ける．また，

$$\begin{aligned}
\alpha &= 1.0 &&(K_c \leqq 1.0 \text{ の場合})\\
&= 0.9 &&(1.0 < K_c \leqq 1.5 \text{ の場合})\\
&= 0.8 &&(1.5 < K_c \leqq 2.0 \text{ の場合})\\
&= 0.7 &&(2.0 < K_c \leqq 2.5 \text{ の場合})\\
&= 0.6 &&(2.5 < K_c \text{ の場合})
\end{aligned}$$

$$K_c = \frac{c}{\phi} + 15\frac{A_t}{s\phi}$$

ここに，c：主鉄筋の下側のかぶりの値 [mm] と定着する鉄筋のあきの半分の値 [mm] のうちの小さいほう，A_t：仮定される割裂破壊断面に垂直な横方向鉄筋の断面積 [mm^2]，s：横方向鉄筋の中心間隔 [mm] である．

b) 定着を行う鉄筋が，コンクリートの打込みの際に，打込み終了面から 300 mm の深さより上方の位置で，かつ，水平から 45° 以内の角度で配置されている場合は，a) により求める l_d の 1.3 倍の基本定着長とする．

c) 圧縮鉄筋の基本定着長は，a)，b) により求められる l_d の 0.8 倍としてよい．

d) 引張鉄筋に標準フックを設けた場合には，フック部分の鉄筋が定着長として加わったり，フックの内側のコンクリートの支圧による力の伝達が期待できるので，基本定着長 l_d より 10ϕ だけ減じてよい．ただし，鉄筋の基本定着長 l_d は，少なくとも 20ϕ 以上とするのがよい．なお，圧縮鉄筋の場合にはフックによる低減は行わない．

10.4.4　鉄筋の定着長

鉄筋の定着長は，基本定着長 l_d をその使用状態によって修正して定める．

a) 鉄筋の定着長 l_0 は基本定着長 l_d 以上とする．しかし，配置される鉄筋量 A_s が計算上必要な鉄筋量 A_{sc} より大きい場合，次式によって定着長 l_0 を低減してよい．

$\dagger$ $f_{bod} \cdot \pi \cdot \phi \cdot l_d = (\pi\phi^2/4) \cdot f_{yd}$　$\therefore$　$l_d = \phi \cdot f_{yd}/4f_{bod}$　これが基本である．

$$l_0 \geqq l_d \cdot \frac{A_{sc}}{A_s} \qquad (ただし,\ l_0 \geqq l_d/3,\quad l_0 \geqq 10\phi) \tag{10.3}$$

ここに, ϕ：鉄筋直径 [mm] である.

b）定着部が曲がった鉄筋の定着長のとり方は，以下のとおりとする（図10.9参照）.

① 曲げ内半径が鉄筋直径の10倍以上の場合は，折り曲げた部分も含み鉄筋の全長を有効とする.

② 曲げ内半径が鉄筋直径の10倍未満の場合は，折り曲げた先の鉄筋が鉄筋直径の10倍以上まっすぐに延ばされているときにかぎり，直線部分の延長と折り曲げ後の直線部分の延長との交点までを定着長として有効とする.

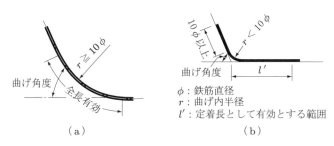

図 10.9　定着部が曲がった鉄筋の定着長のとり方
（土木学会コンクリート標準示方書，設計編，2017）

c）引張鉄筋は，引張応力を受けないコンクリートに定着するのを原則とする．ただし，つぎの①あるいは②のいずれかを満足する場合には，引張応力を受けるコンクリートに定着してもよい．この場合の引張鉄筋の定着部は，計算上不要となる断面から $l_d + l_s$ だけ余分に延ばさなければならない．l_d は基本定着長，l_s は一般に部材断面の有効高さとする.

① 鉄筋切断点から計算上不要となる断面までの区間では，設計せん断耐力が設計せん断力の1.5倍以上あること.

② 鉄筋切断部での連続鉄筋による設計曲げ耐力が設計曲げモーメントの2倍以上あり，かつ，切断点から計算上不要となる断面までの区間で設計せん断耐力が設計せん断力の4/3倍以上あること.

d）スラブまたははりの正鉄筋を端支点を超えて定着する場合，その鉄筋は，支承の中心から l_s だけ離れた断面位置の鉄筋応力に対する定着長 l_0 以上を支承の中心からとり，さらに部材端まで延ばさなければならない．l_s は一般に部材断面の有効高さとしてよい.

e) 折曲げ鉄筋をコンクリートの圧縮部に定着する場合の定着長は，フックを設けない場合は 15φ 以上，フックを設けた場合は 10φ 以上とする．φ は鉄筋直径である．

10.5　鉄筋の継手

長さを増すため，鉄筋をつないで使用することを**継手**という，この継手部は構造上の弱点になりやすいので，以下の点に留意しなければならない．

10.5.1　一般的事項

① 鉄筋の継手は，鉄筋相互を接合する継手（圧接継手，溶接継手，機械式継手）または重ね継手を用いること．
② 鉄筋の継手位置は，応力の大きい断面をできるだけ避ける．
③ 同一断面に設ける継手の数は 2 本の鉄筋につき 1 本以下とし，継手を同一断面に集めないこと．継手を同一断面に集めないため，継手位置を軸方向に相互にずらす距離は，継手長さに鉄筋直径の 25 倍を加えた長さ以上を標準とする．
④ 径の異なる鉄筋をつなぐ場合や，種類の異なる鉄筋をつなぐ場合には，これらが継手の力学的特性に影響をおよぼさないことを確かめること．
⑤ 繰返し荷重による疲労の影響を受ける部材には，同一断面に種類の異なる継手を併用しないことを原則とする．
⑥ 継手部のかぶりは，10.1 節で述べた規定を満足するものとする．

10.5.2　重ね継手

鉄筋の重ね継手部での応力伝達機構は，鉄筋の定着部と似ているため，重ね合わせ長さ l（図 10.10 参照）は，定着部での基本定着長 l_d に基づいて定める．

重ね継手は施工が容易な継手であるが，継手部にコンクリートのいきわたりが不十分となった場合，継手部のコンクリートに分離が生じた場合，および継手部周囲のコ

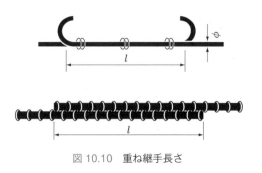

図 10.10　重ね継手長さ

ンクリートが劣化した場合などでは，継手の強度が大きく低下する．そのため重ね継手はなるべく応力の小さい部分に設けるとともに，継手部を横方向鉄筋で十分に補強する必要がある．

（1）軸方向鉄筋

軸方向鉄筋に重ね継手を用いる場合には，つぎの①～⑦の規定に従う．

① 配置する鉄筋量が計算上必要な鉄筋量の2倍以上，かつ，同一断面での継手の割合が1/2以下の場合には，重ね継手の重ね合わせ長さは基本定着長 l_d 以上とする．

② ①の条件のうち，一方が満足されない場合には，重ね合わせ長さは基本定着長 l_d の1.3倍以上とし，継手部を横方向鉄筋などで補強する．

③ ①の条件の両方が満足されない場合には，重ね合わせ長さは基本定着長 l_d の1.7倍以上とし，継手部を横方向鉄筋などで補強する．

④ 重ね継手の重ね合わせ長さは，鉄筋直径の20倍以上とする．

⑤ 重ね継手部の帯鉄筋および中間帯鉄筋の間隔は，図10.11に示すように100 mm以下とする．

⑥ 水中コンクリート構造物の重ね合わせ長さは，原則として鉄筋直径の40倍以上とする．

⑦ 重ね継手は，交番応力を受ける塑性ヒンジ領域では用いてはならない．

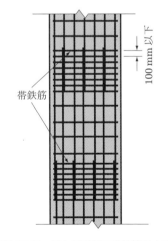

図 10.11　重ね継手部の帯鉄筋および
中間帯鉄筋の間隔
（土木学会コンクリート標準示方書，
設計編，2017）

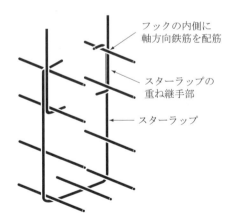

図 10.12　スターラップの重ね継手部の配筋
（大断面の部材などの場合）
（土木学会コンクリート標準示方書，
設計編，2017）

（2）スターラップ

　スターラップに沿ってひび割れが生じる場合があるので，スターラップの継手に重ね継手を用いることは好ましくない．しかし，大断面の部材などで，やむをえず重ね継手を用いる場合は，重ね合わせ長さを基本定着長 l_d の 2 倍以上，もしくは基本定着長 l_d をとり，端部に標準フックを設ける（図 10.12 参照）．重ね継手の位置は圧縮域またはその近くにしなければならない．

10.5.3　そのほか

　重ね継手以外の継手方法として，圧接継手や機械式継手がある．これらについては土木学会「鉄筋定着・継手指針（2007）」[10] を参照されたい．

━━ **演習問題** ━━━━━━━━━━━━━━━━━━━━━━━━━━━━━━━

10.1　かぶりの役割りについて述べよ．
10.2　引張鉄筋に標準フックを設けた場合に，基本定着長を減じてよい理由を述べよ．
10.3　圧縮鉄筋の基本定着長は，引張鉄筋の場合より低減してよい理由を述べよ．

第11章

各種部材の設計

　この章では，コンクリート構造物の構成要素であるスラブおよびはりと，主要な土木構造物であるフーチングの設計法について，示方書設計編に準じて述べる．

11.1 スラブ

　スラブ (slab) とは，厚さが長さ・幅に比べて薄い平面状の部材で，荷重がその面にほぼ直角に作用するものをいう．

11.1.1 種　類

　スラブには，一方向スラブ，二方向スラブ，片持スラブ，斜めスラブ，フラットスラブなどがある．本書では，相対する 2 辺によって支持される一方向スラブについてのみ記すので，そのほかのスラブについては示方書設計編を参照されたい．

11.1.2 一般的事項

（1）計算に用いるスパン（径間）

　スラブの計算に用いる**スパン**は，支承面の中心間距離とする．ただし，支承面の奥行きが長い場合には，スラブの純スパン（支承前面間の距離）にスパン中央におけるスラブの厚さを加えた値との，小さいほうをとればよい．また，剛な壁またははりと単体的につくられた場合には，純スパンをスパンとしてよい．また，シュー（橋梁で上部構造を支える支点に用いられる構造物）を用いる場合には，シューの中心間距離をスパンとする．

（2）集中荷重の分布幅

　スラブ表面に作用する集中荷重は，その接触面の外周からスラブ厚さの 1/2 の距離だけ離れ，荷重とスラブとの接触面に相似な形状を有する範囲に分布するものとする．上置層がコンクリートまたはアスファルトコンクリートの場合には，上記の距離に上置層の厚さを加えるものとする．ただし，上置層の材料が軟らかいものである場合には，上置層の厚さとしてその 3/4 を用いる（図 11.1 参照）．

（3）曲げモーメントに対する検討

　① 曲げモーメントに対する検討は，単位幅あたりのはりとして，直角 2 方向について行う．

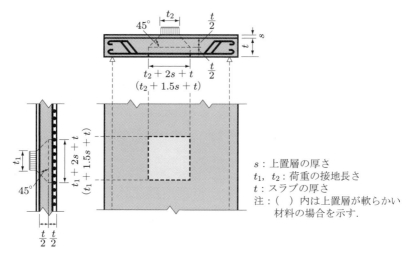

図 11.1　集中荷重の分布幅
（土木学会コンクリート標準示方書，設計編，2017）

② 一方向の曲げモーメントが卓越するような，幅の広いはりと仮定したスラブでも，それと直角方向に十分な配力鉄筋を配置する．

（4）せん断に対する検討

スラブのせん断に対する検討は，つぎの ① および ② について行う．

① 幅の広いはりとし，はりに準じて行う．はりに準じて検討を行う場合には，後述する 11.1.3（1）項で定める有効幅を用いてよい．

② 集中荷重の周囲あるいは支点の近傍においては，面部材としての押抜きせん断に対する検討を行う．

11.1.3 一方向スラブの設計

（1）曲げモーメント

a. 単純支持一方向スラブ

集中荷重を受ける単純支持の一方向スラブの単位幅あたりの最大曲げモーメントは，スラブ全スパンにわたり，式 (11.1) あるいは式 (11.2) に示す有効幅 b_e をもつはりとして求めてよい（図 11.2 参照）．

（i）$c \geqq 1.2x(1 - x/l)$ の場合（図 11.2（b）参照）

$$b_e = v + 2.4x\left(1 - \frac{x}{l}\right) \tag{11.1}$$

(ii) $c < 1.2x(1 - x/l)$ の場合（図 11.2（c）参照）

$$b_e = c + v + 1.2x\left(1 - \frac{x}{l}\right) \tag{11.2}$$

ここに，c：集中荷重 p の分布幅の端からスラブ自由縁までの距離 [mm]，x：集中荷重作用点からもっとも近い支点までの距離 [mm]，l：スラブのスパン [mm]，u, v：荷重の分布幅 [mm] である．

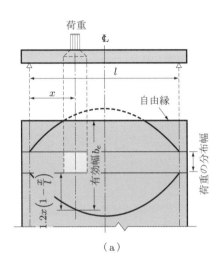

（a）

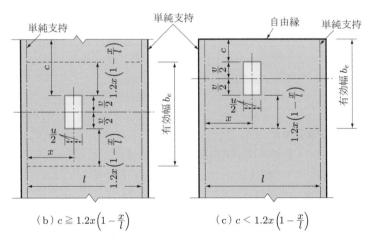

（b）$c \geqq 1.2x\left(1 - \frac{x}{l}\right)$ 　　（c）$c < 1.2x\left(1 - \frac{x}{l}\right)$

図 11.2　一方向スラブの有効幅
（土木学会コンクリート標準示方書，設計編，2017）

単位幅あたりの最大曲げモーメント M_x は，式 (11.3) となる．

$$M_x = p \cdot \frac{x}{b_e}\left(1 - \frac{x}{l}\right)\left(1 - \frac{u}{2l}\right) \quad [\text{N} \cdot \text{mm/mm}] \tag{11.3}$$

b. 両端固定一方向スラブ

（ i ）スパン中央の正の曲げモーメントに対し，次式が成り立つ．

$$b_e = v + x\left(1 - \frac{x}{l}\right) \tag{11.4}$$

（ii）固定端の負の曲げモーメントに対し，次式が成り立つ．

$$b_e = v + 0.5x\left(2 - \frac{x}{l}\right) \tag{11.5}$$

（2）配力鉄筋

　　配力鉄筋とは，応力を分布させる目的で，正鉄筋または負鉄筋に対して，一般的には，直角に配置される鉄筋をいう．

　　一方向スラブは，荷重を受けた場合，スパン方向の曲げモーメントだけでなく，スパンに直角方向の曲げモーメントも生じるため，十分な配力鉄筋を配置する必要がある．

a. 等分布荷重を受ける場合

　　単純支持された一方向スラブが等分布荷重を受ける場合，配力鉄筋の断面積は，一般にスラブの長さ 1 m，幅 1 m あたりの引張主鉄筋断面積の 1/6 以上とする．

　　スラブのスパン幅比 l/b が 0.5 を超える場合には，表 11.1 に示した値を直線補間して求めた係数 β を用いて，配力鉄筋の量を決定する．

表 11.1　配力鉄筋の係数 β

l/b	0.5	0.7	1.0	2.0
β	1/6	0.16	0.13	0.07

（土木学会コンクリート標準示方書，設計編，2017）

b. 集中荷重を受ける場合

　　単純支持された一方向スラブが集中荷重を受ける場合，配力鉄筋の断面積は，集中荷重に対して必要なスラブ幅 1 m あたりの引張主鉄筋断面積の α 倍以上としなければならない．この α は，つぎの（ i ）あるいは（ii）による．

（ i ）スラブ中央付近

$$\text{下側配力鉄筋：} \alpha = \left(1 - \frac{0.25l}{b}\right)\left(1 - \frac{0.8v}{b}\right) \tag{11.6}$$

ただし，$l/b > 2.5$ の場合には，$l/b = 2.5$ のときの α の値を用いる．

(ii) スラブ縁端付近片側載荷

$$上側配力鉄筋：\alpha = \frac{1 - 2v/b}{8} \tag{11.7}$$

ここに，l：スラブのスパン [mm]，b：スラブの幅 [mm]，v：荷重の分布幅 [mm] である．

　スラブの縁端付近に載荷された場合，載荷点から離れたところでは，負の曲げモーメントが生じることがあるので，このような場合にはスラブの上面に横方向にも配力鉄筋を配置する．

　なお，等分布荷重および集中荷重が同時に作用する場合は，上記の配力鉄筋の合計値とする．

（3）連続スラブの曲げモーメント

　連続スラブに集中荷重が作用する場合の曲げモーメントは，つぎの近似解法によって計算する．

(i) スパン中央の単位幅あたりの最大曲げモーメント M_c は，次式により求める．

$$M_c = k \cdot m_c \tag{11.8}$$

ここに，以下の式が成立する．

$$m_c = \frac{連続スラブを連続ばりと考えて求めたスパン中央部の曲げモーメント}{スラブの全幅} \tag{11.9}$$

$$k = \frac{有効幅を考えて求めた単純スラブの単位幅あたりの曲げモーメント}{単純ばりとして求めた単位幅あたりの曲げモーメント} \tag{11.10}$$

ただし，係数 k を求める場合に用いるスラブとはりのスパンは，つぎのようにとる．

　　　　　端スパンについて　　：$0.8l_1$（l_1 は端スパンのスパン）

　　　　　中間スパンについて：$0.6l_2$（l_2 は中間スパンのスパン）

(ii) 支点部の単位幅あたりの最大曲げモーメント M_e は，次式により求める．

$$M_e = k' \cdot m_e \tag{11.11}$$

ここに，次式となる．

$$m_e = \frac{連続スラブを連続ばりと考えて求めた支点の曲げモーメント}{スラブの全幅} \tag{11.12}$$

ただし，係数 k' は第 1 中間支点では，(i) で求められた端スパンの係数 k と第 1 中間スパンの係数 k との平均値，第 2 中間支点では第 1 中間スパンの係数 k と第 2 中間スパンの係数 k との平均値をそれぞれ用いる.

11.1.4　構造細目

① スラブの厚さは 80 mm 以上とする.

② スラブの正鉄筋および負鉄筋の中心間隔は，最大曲げモーメントの生じる断面で，スラブの厚さの 2 倍以下かつ 300 mm 以下とする. そのほかの断面でもスラブ厚さの 3 倍以下かつ 400 mm 以下とする.

③ スラブに開口部を設ける場合，応力集中そのほかによるひび割れに対して，過大なひび割れを防止するように用心鉄筋を配置すること.

④ スラブの単純支持部に負の曲げモーメントが生じる場合には，これに対して鉄筋を配置する.

> 例題 11.1　図 11.3 の一方向スラブの単位幅 1 m あたりの最大曲げモーメント $M_{\max}$ を求めよ. ただし，荷重 $P = 100\,\mathrm{kN}$ とする.

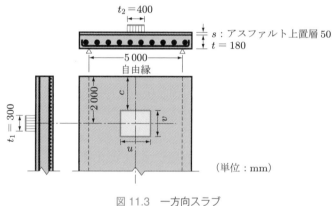

図 11.3　一方向スラブ

解

集中荷重の分布幅は

$$u = t_2 + 2s + t = 400 + 2 \times 50 + 180 = 680\,\mathrm{mm}$$
$$v = t_1 + 2s + t = 300 + 2 \times 50 + 180 = 580\,\mathrm{mm}$$

集中荷重の分布幅の端から，スラブ自由縁までの距離 c は，

$$c = 2\,000 - \frac{v}{2} = 2\,000 - 290 = 1\,710\,\mathrm{mm}$$

最大曲げモーメントはスパン中央に生じ，支点より $x = 2\,500\,\mathrm{mm}$ の点である．

$$1.2x\left(1 - \frac{x}{l}\right) = 1.2 \times 2\,500 \times \left(1 - \frac{2\,500}{5\,000}\right) = 1\,500\,\mathrm{mm}$$

$c > 1\,500\,\mathrm{mm}$ なので，有効幅 b_e は，式 (11.1) より，下式となる．

$$b_e = v + 2.4x\left(1 - \frac{x}{l}\right)$$
$$= 580 + 2.4 \times 2\,500 \times \left(1 - \frac{2\,500}{5\,000}\right) = 3\,580\,\mathrm{mm}$$

単位幅 $1\,\mathrm{m}$ あたりの最大曲げモーメント $M_{\max}$ は，以下のように求められる．

$$M_{\max} = P \cdot \frac{x}{b_e}\left(1 - \frac{x}{l}\right)\left(1 - \frac{u}{2l}\right)$$
$$= 100 \times \frac{2\,500}{3\,580} \times \left(1 - \frac{2\,500}{5\,000}\right) \times \left(1 - \frac{680}{2 \times 5\,000}\right)$$
$$= 32.53\,\mathrm{kN \cdot m/m}$$

11.2　は　り

主として，鉛直荷重により生じる曲げモーメントやせん断力に抵抗するための水平棒状部材を**はり**という．

11.2.1　種　類

一般に用いられるはりを，その支持条件によって分類すると，単純ばり，連続ばり，固定ばり，片持ばりなどがあり，また断面形状によって分類すると，長方形ばり，T 形ばり，I 形ばり，箱形ばりなどがある．

11.2.2　一般的事項

（1）計算に用いるスパン（図 11.4 参照）

① 単純ばりの計算に用いるスパンは，支承面の中心間距離とする．ただし，支承面の奥行きが長い場合には，はりの純スパンにスパン中央におけるはりの高さを加えたものとする．

② 剛な壁またははりと，単体的につくられている場合には，純スパンをスパンとしてよい．

③ 連続ばりのスパンは，支承面の中心間距離とする．

（2）T 形ばりの圧縮突縁の有効幅

a. 曲げモーメントに対する場合

T 形ばり，箱形ばりなどのような，圧縮突縁（圧縮応力が生じる T 形ばりのフラン

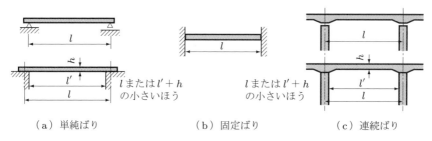

（a）単純ばり　　　　　　（b）固定ばり　　　　　　（c）連続ばり

図 11.4　はりのスパン
（土木学会コンクリート標準示方書，設計編，2017）

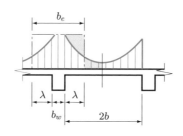

図 11.5　有効幅
（土木学会コンクリート標準示方書，設計編，2017）

ジ突出部など）をもつはりが荷重を受けたとき，その突縁上面のスパン方向の応力度の分布は図 11.5 に示すようになるが，一般には，簡略化のため，幅 b_e の圧縮突縁に一様にはたらくと考えて計算する．

この b_e を有効幅といい，次式で求める．

（i）両側にスラブがある場合（図 11.6（a）参照）

$$b_e = b_w + 2\left(b_s + \frac{l}{8}\right) \tag{11.13}$$

ただし，b_e は両側のスラブの中心間距離を超えてはならない．

（ii）片側にスラブがある場合（図 11.6（b）参照）

$$b_e = b_1 + b_s + \frac{l}{8} \tag{11.14}$$

ただし，b_e はスラブの純スパンの 1/2 に b_1 を加えたものを超えてはならない．

ここに，l：単純ばりではスパン，連続ばりでは反曲点間距離（図 11.7），片持ばりでは純スパンの 2 倍，b_s：ハンチの高さに等しい値以下とする．

b. 軸方向力および不静定力の算定に対する場合

軸方向力に対する圧縮突縁および不静定力の算定に用いる T 形ばりの圧縮突縁の有効幅は，一般に全幅をとってよい．

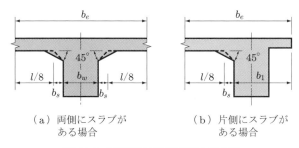

図 11.6 T形ばりの圧縮突縁の有効幅
（土木学会コンクリート標準示方書，設計編，2017）

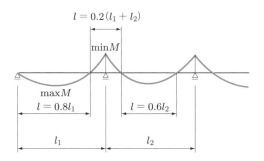

図 11.7 連続ばりの l の取り方
（土木学会コンクリート標準示方書，設計編，2017）

▍**11.2.3 はりの設計**

（1）独立したはり

　独立したはりは，一般の鉛直荷重による応力のほかに，横方向の荷重によっても応力が生じることが多いため，これに対して安全であるように設計する必要がある．幅の小さい独立したはりは，このほかに，部材全体の安定について検討しなければならない．また，独立したはりの横方向の支持間隔があまり大きいと，圧縮部のコンクリートが横方向に座屈する場合がある．したがって，独立したはりの設計は，横方向の安定について，特別の検討を行わない場合にはつぎの事項に準じるものとする．

① 独立した長方形ばりは，その幅の 15 倍以下の間隔で，これを横方向に支持する．
② 独立した T 形ばりは，その腹部の幅の 25 倍以下の間隔で，これを横方向に支持する．
③ 独立した T 形ばりの突縁の厚さは，腹部の幅の 1/2 以上とする．
④ 独立した T 形ばりの圧縮突縁の有効幅は，腹部の幅の 4 倍以下とする．

（2）連続ばり

　連続ばりの支点上における負の曲げモーメントは，支承幅，はり高，横ばりの影響を受け，とがった形にはならないことが確かめられている．したがって，連続ばりの中間支点上の負の曲げモーメントは，次式により低減してよい（図 11.8 参照）．

$$M_d = M_{od} - \frac{rv^2}{8} \qquad （\text{ただし}, \ M_d \geqq 0.9 M_{od}） \tag{11.15}$$

$$r = \frac{R_{od}}{v} \tag{11.16}$$

ここに，M_d：中間支点上で低減された設計曲げモーメント [N·mm]，M_{od}：点支承として求めた中間支点上の設計曲げモーメント [N·mm]，R_{od}：中間支点の設計支点反力 [N]，v：断面の図心位置における支点反力の部材軸方向の仮想分布幅 [mm] である．

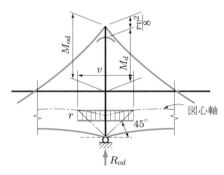

図 11.8　中間支点上の設計曲げモーメント
（土木学会コンクリート標準示方書，設計編，2017）

▌ 11.2.4　構造細目

① Ｔ形ばりの突縁，箱形ばりの上フランジおよび下フランジの厚さは 80 mm 以上とする．

② Ｔ形ばりおよび箱形ばりの腹部の厚さは 100 mm 以上とする．

③ 圧縮鉄筋のある場合のスターラップの間隔は，圧縮鉄筋直径の 15 倍以下，かつ，スターラップ直径の 48 倍以下とする．

④ はりの高さが大きい場合には，はりの腹部に水平用心鉄筋を配置する．これには，腹部の断面積の 0.2% 以上の断面積の鉄筋を，中心間隔 300 mm 以下の間隔で配置するのがよい．

⑤ 支点付近には，腹部のひび割れに対して用心鉄筋を配置する．

例題 11.2　図 11.9 に示すスパン $l = 10\,\mathrm{m}$ の T 形ばりの中桁の圧縮突縁の有効幅 b_e を求めよ.

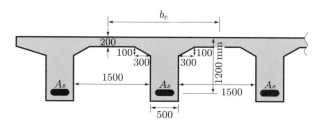

図 11.9　T 形ばり断面

解

両側にスラブがある場合の T 形ばりの有効幅 b_e は，下式で求められる.

$$b_e = b_w + 2\left(b_s + \frac{l}{8}\right) = 500 + 2\left(100 + \frac{10\,000}{8}\right)$$
$$= 3\,200\,\mathrm{mm} > 750 + 500 + 750 = 2\,000\ (両スラブ間の中心線間の距離)$$

ゆえに，$b_e = 2\,000\,\mathrm{mm}$ である.

11.3 フーチング

柱，壁などの構造物からの荷重を，直接地盤に伝達する浅い基礎構造物を**フーチング**という.

11.3.1 種　類

フーチングには，主としてつぎの 3 種類がある（図 11.10 参照）.

① 独立フーチング：単一の柱または受け台より伝達される力を分布させるためのフーチングで，ほかのフーチングと連結されていないもの.

② 連結フーチング：二つ以上の柱または受け台より伝達される力を分布させるためのフーチングで，ほかのフーチングと連結されているもの.

③ 壁フーチング：壁より伝達される力を分布させるためのフーチング.

なお，フーチングで地盤の支持力が十分でない場合には，フーチングの底面積があまりに大きくなって不経済となる.このようなときは，鉄筋コンクリート構造による床組構造などで構造物全体を支持させるのが有利となる.このような基礎形式をいかだ基礎という.

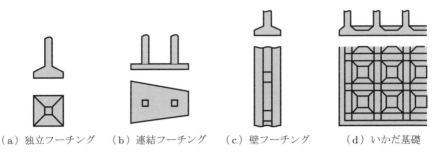

（a）独立フーチング　（b）連結フーチング　（c）壁フーチング　（d）いかだ基礎

図 11.10　各種フーチング

　これら基礎構造物は，作用荷重に対して地盤支持力が十分に安全であるように，かつ，変位量が上部構造物の許容変位量を超えないように設計する．したがって，フーチングの底面積の算定の目安は，上部構造物などからの荷重 P をフーチングの面積 A で除した値 P/A が，単位面積あたりの地盤支持力 q より小さくなるようにすることである．

11.3.2　一般的事項

　a）フーチングは，柱，壁などより伝達させる力のほか，フーチングの自重，土砂などの上載荷重と，直接基礎では地盤反力，杭基礎では杭反力および浮力などの荷重を考慮して設計する．

　b）フーチングは，剛体として取り扱える厚さを有するのを原則とし，一般につぎの場合をいう．

① 独立フーチングおよび連結フーチング：フーチングの平均厚さが，フーチングの長辺の 1/5 程度以上ある場合．
② 壁フーチング：フーチングの平均厚さが，フーチングの幅から壁の厚さを引いた値の 1/5 程度以上ある場合．

　なお，杭基礎のフーチングの場合，剛体として取り扱うことが危険側となる場合などには，フーチングの弾性挙動を考慮して解析する．

11.3.3　フーチングの設計

（1）曲げモーメント

a. 各種フーチングの曲げモーメントの算定

（i）独立フーチングおよび壁フーチング

　a）フーチングの曲げモーメントは，片持ばりとして算定する．その検討断面は，長方形断面の柱または壁状の場合はその前面，円形断面の柱の場合は，柱外面より柱直径の 1/10 内側に入った位置における鉛直断面とする（図 11.11 参照）．

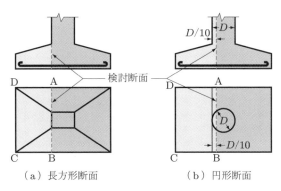

図 11.11 曲げモーメントに対する検討断面
（土木学会コンクリート標準示方書，設計編，2017）

検討断面 AB における曲げモーメントは，柱または壁前面のフーチング全面積 ABCD に作用する荷重によって生じる曲げモーメントとする．

b）柱の断面が正方形，長方形以外の場合は，これと同じ面積をもつ同心の正方形または長方形に置き換え，その前面における鉛直断面を検討断面とする．ただし，円形断面は，上述 a）のとおりとする．

c）二方向配筋のフーチングでは，これと直角方向の検討断面を考えるとき，かどの部分に作用する荷重が二重に計算されるが，これを減らさないで計算する．

(ii) 連結フーチング

a）連結フーチングの片持ばりとしてはたらく部分は，独立フーチングと同様に算定するものとする．

b）柱間のフーチングは，基礎構造物を含めた一体構造形式のラーメン部材として算定するものとする．

b. 検討断面における有効幅

曲げモーメントに対するフーチングの検討断面における有効幅は，次式で求める．

$$\text{直接基礎の場合：} b_e = b_0 + 2d \leqq B \tag{11.17}$$

ここに，b_e：有効幅 [mm]，B：フーチングの全幅 [mm]，b_0：柱または受け台の幅 [mm]，d：曲げに対する検討断面の有効高さ [mm] である．

杭基礎の場合は，杭配置，フーチングの形状に応じて定める．

（2）せん断力

a. 検討断面および有効幅

(i) 検討断面

柱あるいは壁付近においては，柱あるいは壁前面から $h/2$ 離れた部材断面 A–A を検

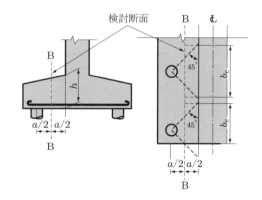

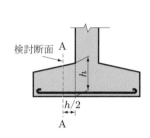

図 11.12 せん断力の検討断面
（土木学会コンクリート標準示方書,
設計編，2017）

図 11.13 片側 1 列に配置された杭基礎がある場合の
せん断力の検討断面および有効幅
（土木学会コンクリート標準示方書，設計編，2017）

討断面とする（図 11.12 参照）．

　杭が片側 1 列に配置された杭基礎の場合で，杭中心と柱あるいは壁前面との距離 a が，柱あるいは壁前面におけるフーチングの高さ h の 2 倍以下の場合には，柱あるいは壁前面から $a/2$ 離れた部材断面 B–B を検討断面とする（図 11.13 参照）．

(ii) 検討断面における有効幅

　フーチングの有効幅 b_e は，検討断面におけるフーチングの全幅とする．ただし，壁フーチングで杭が片側 1 列に配置された杭基礎の場合，杭 1 本に対する有効幅 b_e は，杭中心から壁前面までの距離の 2 倍を超えないこととする．

b. 耐力

　検討断面における設計せん断耐力は，第 5 章の棒部材の設計せん断耐力により算定する．

　直接基礎の場合で，フーチングが直接支持される部材となる場合は，照査断面を柱または壁前面とし，地盤反力および上載荷重の作用中心から柱または壁の前面までの距離 a と有効高さ d の比が $a/d < 2.0$ を満たす場合は，式 (5.30) の棒部材の設計せん断圧縮破壊耐力 V_{dd} を設計限界値として照査してよい．$a/d \geqq 2.0$ となる場合は式 (5.25) の棒部材の設計せん断耐力 V_{yd} を設計限界値として照査してよい．なお，壁フーチングのせん断力に対する有効幅はフーチング全幅としてよい．

　杭基礎の場合はここでは省略するが，詳細については示方書設計編を参照されたい．

　また，押抜きせん断および引抜きせん断に対する検討は面部材に準じて行うが，詳細は示方書設計編を参照されたい．

$$M_d = \frac{M}{b_e} = \frac{81}{1.7} = 47.65\,\text{kN·m/m}$$

■ 演習問題 ■

11.1 図 11.15 の一方向スラブの単位幅 1 m あたりの最大曲げモーメント $M_{\max}$ を求めよ.
　　 ただし，荷重 $P = 80\,\text{kN}$ とする.

11.2 図 11.16 に示すスパン $L = 8\,\text{m}$ の T 形ばりの圧縮突縁の有効幅 b_e を求めよ.

11.3 図 11.17 の直接基礎上の正方形独立フーチングの単位幅 1 m あたりの曲げモーメント
　　 M_d を求めよ.

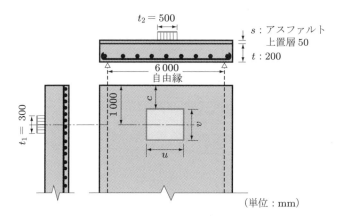

図 11.15　一方向スラブ

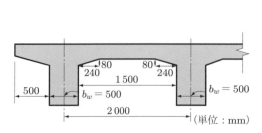

図 11.16　T 形ばり断面

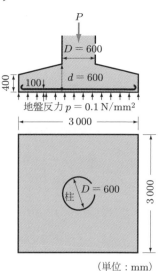

図 11.17　正方形独立フーチング

第12章

プレストレストコンクリート

プレストレストコンクリート (Prestressed Concrete: PC) は，供用時に引張側となる断面領域に，あらかじめ圧縮応力（**プレストレス**）を与えたものである.

この章ではまず，プレストレストコンクリートの原理を説明し，そして，プレストレスの導入方法による分類および PC 用材料の概略について述べる．また，プレストレスは種々の要因により導入当初より減少するので，その減少量の算定方法について述べる．さらに，プレストレストコンクリートの使用性ならびに安全性に対する照査方法などについて述べる.

12.1 プレストレストコンクリートとは

12.1.1 特徴

無筋コンクリート (plain concrete) は，引張縁にひび割れが発生すると急激に破壊する．鉄筋コンクリートは，引張縁にひび割れが発生しても，鉄筋と圧縮側コンクリートにより，破壊に至るまで相当の抵抗力を有する．しかしながら，大きな断面力に対しては，断面寸法や鉄筋量を増大させるため不経済となる.

プレストレストコンクリートは，引張応力が生じる断面にあらかじめ圧縮応力を与えておき，外力などによって生じる引張応力を打ち消すようにしたもので，ひび割れが発生しないため全断面が有効にはたらき，軽量で性能の高い構造物をつくることができる.

あらかじめ加える圧縮応力がより大きければ，より大きな引張応力に抵抗できる部材をつくることが可能となる．その際，断面図心に圧縮応力を加えるよりも，引張域となる断面に偏心して圧縮応力を加えることにより，加える圧縮応力が同じでも，引張縁の合成応力は大きな圧縮応力の状態になっているので，外力などによる大きな引張応力に抵抗できる部材をつくることができる．また偏心距離を大きくとるほうがより効果的となる（図 12.1 参照）.

圧縮応力は，PC 鋼材をコンクリート部材端部に緊張定着することで与えられるので，より大きな圧縮応力をかけるためには PC 鋼材量が多量に必要になるとともに，より圧縮強度の高いコンクリートが要求されることになる．このことは，構造物単価は高くなるがひび割れ発生のない，高耐力で高耐久性の構造物をつくることにつなが

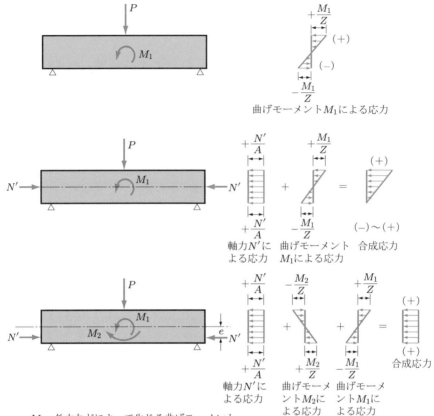

曲げモーメントM_1による応力

軸力N'に　曲げモーメント　合成応力
よる応力　M_1による応力

軸力N'に　曲げモーメ　曲げモーメ
よる応力　ントM_2に　ントM_1に
　　　　　よる応力　よる応力

M_1：外力などによって生じる曲げモーメント
M_2：偏心軸力N'によって生じる曲げモーメント$=N' \cdot e$

図 12.1　プレストレストコンクリートの応力分布の概略

る．また，加える圧縮応力を加減することで，種々のグレードの性能を有する構造物
が作製可能となる．

12.1.2　PC 用材料

（1）コンクリート

　プレストレストコンクリートの特色を発揮させるには，コンクリートは良質で高強度
のものでなければならない．このため，コンクリートの圧縮強度は当初は $30\,\mathrm{N/mm^2}$
以上が使用されてきたが，現在ではこの値より $10 \sim 20\,\mathrm{N/mm^2}$ 以上も上回るものが
一般的に使用されている．なお，この章では，コンクリートの圧縮強度の適用範囲は
$100\,\mathrm{N/mm^2}$ 以下である．

表 12.1 PC 鋼棒（JIS G 3109）

※ここでは丸鋼棒についてのみ示す．異形鋼棒については，JIS G 3109 参照のこと．

（a）種類および記号

種 類		記 号
A 種	2 号	SBPR 785/1030
B 種	1 号	SBPR 930/1080
	2 号	SBPR 930/1180
C 種	1 号	SBPR 1080/1230

（c）丸鋼棒の径，径の許容差およよび公称断面積

呼び名	径 [mm]	径の許容 差 [mm]	公称断面積 [mm²]
9.2 mm	9.2	−0.2 プラス側 は規定し ない．	66.48
11 mm	11.0		95.03
13 mm	13.0		132.7
15 mm	15.0		176.7
17 mm	17.0		227.0
19 mm	19.0		283.5
21 mm	21.0	−0.6 プラス側 は規定し ない．	346.4
23 mm	23.0		415.5
26 mm	26.0		530.9
29 mm	29.0		660.5
32 mm	32.0		804.2
36 mm	36.0		1 018.0
40 mm	40.0		1 257.0

（b）機械的性質

記 号	耐 力[1] [N/mm²]	引張強さ [N/mm²]	伸 び [%]	リラクセー ション値 [%]
SBPR 785/1030	785 以上	1 030 以上	5 以上	4.0 以下
SBPR 930/1080	930 以上	1 080 以上	5 以上	4.0 以下
SBPR 930/1180	930 以上	1 180 以上	5 以上	4.0 以下
SBPR 1080/1230	1 080 以上	1 230 以上	5 以上	4.0 以下

1）耐力とは，0.2% 永久伸びに対する応力をいう．

表 12.2(1) PC 鋼線，PC 鋼より線（JIS G 3536）

（a）種類および記号

種 類			記 号[1]	断 面
PC 鋼線	丸 線	A 種	SWPR1AN, SWPR1AL	○
		B 種[2]	SWPR1BN, SWPR1BL	○
	異形線		SWPD1N, SWPD1L	○
PC 鋼より線	2 本より線		SWPR2N, SWPR2L	8
	異形 3 本より線		SWPD3N, SWPD3L	△
	7 本より線[3]	A 種	SWPR7AN, SWPR7AL	⊛
		B 種	SWPR7BN, SWPR7BL	⊛
	19 本より線[4]		SWPR19N, SWPR19L	⊛ ⊛

1）リラクセーション規格値によって，通常品は N，低リラクセーション品は L を記号の末尾に付ける．

2）丸線 B 種は，A 種より引張強さが 100 N/mm² 高強度の種類を示す．

3）7 本より線 A 種は，引張強さ 1 720 N/mm² 級を，B 種は 1 860 N/mm² 級を示す．

4）19 本より線のうち，28.6 mm だけ，断面はシール形とウォーリントン形とし，それ以外の 19 本より線の断面はシール形だけとする．

表 12.2 (2)　PC 鋼線，PC 鋼より線（JIS G 3536）

（b）機械的性質

記　号	呼び名	公　称断面積 [mm^2]	単　位質　量 [kg/km]	0.2% 永久伸びに対する荷重 [kN]	引張荷重 [kN]	伸　び [%]	リラクセーション値 [%]	
							N	L
SWPR1AN	2.9 mm	6.605	51.8	11.3 以上	12.7 以上	3.5 以上	8.0 以下	2.5 以下
SWPR1AL	4 mm	12.57	98.7	18.6 以上	21.1 以上	3.5 以上	8.0 以下	2.5 以下
SWPD1N	5 mm	19.64	154	27.9 以上	31.9 以上	4.0 以上	8.0 以下	2.5 以下
SWPD1L	6 mm	28.27	222	38.7 以上	44.1 以上	4.0 以上	8.0 以下	2.5 以下
	7 mm	38.48	302	51.0 以上	58.3 以上	4.5 以上	8.0 以下	2.5 以下
	8 mm	50.27	395	64.2 以上	74.0 以上	4.5 以上	8.0 以下	2.5 以下
	9 mm	63.62	499	78.0 以上	90.2 以上	4.5 以上	8.0 以下	2.5 以下
SWPR1BN	5 mm	19.64	154	29.9 以上	33.8 以上	4.0 以上	8.0 以下	2.5 以下
SWPR1BL	7 mm	38.48	302	54.9 以上	62.3 以上	4.5 以上	8.0 以下	2.5 以下
	8 mm	50.27	395	69.1 以上	78.9 以上	4.5 以上	8.0 以下	2.5 以下
SWPR2N	2.9 mm 2 本より	13.21	104	22.6 以上	25.5 以上	3.5 以上	8.0 以下	2.5 以下
SWPR2L								
SWPS3N	2.9 mm 3 本より	19.82	156	33.8 以上	38.2 以上	3.5 以上	8.0 以下	2.5 以下
SWPD3L								
SWPR7AN	7 本より 9.3 mm	51.61	405	75.5 以上	88.8 以上	3.5 以上	8.0 以下	2.5 以下
SWPR7AL	7 本より 10.8 mm	69.68	546	102 以上	120 以上	3.5 以上	8.0 以下	2.5 以下
	7 本より 12.4 mm	92.90	729	136 以上	160 以上	3.5 以上	8.0 以下	2.5 以下
	7 本より 15.2 mm	138.7	1 101	204 以上	240 以上	3.5 以上	8.0 以下	2.5 以下
SWPR7BN	7 本より 9.5 mm	54.84	432	86.8 以上	102 以上	3.5 以上	8.0 以下	2.5 以下
SWPR7BL	7 本より 11.1 mm	74.19	580	118 以上	138 以上	3.5 以上	8.0 以下	2.5 以下
	7 本より 12.7 mm	98.71	774	156 以上	183 以上	3.5 以上	8.0 以下	2.5 以下
	7 本より 15.2 mm	138.7	1 101	222 以上	261 以上	3.5 以上	8.0 以下	2.5 以下
SWPS19N	19 本より 17.8 mm	208.4	1 652	330 以上	387 以上	3.5 以上	8.0 以下	2.5 以下
SWPR19L	19 本より 19.3 mm	243.7	1 931	387 以上	451 以上	3.5 以上	8.0 以下	2.5 以下
	19 本より 20.3 mm	270.9	2 149	422 以上	495 以上	3.5 以上	8.0 以下	2.5 以下
	19 本より 21.8 mm	312.9	2 482	495 以上	573 以上	3.5 以上	8.0 以下	2.5 以下
	19 本より 28.6 mm	532.4	4 229	807 以上	949 以上	3.5 以上	8.0 以下	2.5 以下

(2) PC鋼材

PC鋼材は，①引張強度が大きく，引張強度に対する弾性限および降伏点比率が高いこと，②適当な伸びと靭性を有すること，③リラクセーションが小さいこと，④応力腐食に対する抵抗性が高いこと，⑤プレテンション方式用では，とくにコンクリートとの付着性がすぐれていることなどが要求される．PC鋼材として，現在，JISで規格化されているPC鋼棒（直径が9mmを超えるもの），PC鋼線（直径が9mm以下のもの）およびPC鋼より線（PC鋼線を複数本束ねたもの）の種類，記号および機械的性質などをそれぞれ表12.1，表12.2に示す．

12.2 プレストレストコンクリート構造の分類

プレストレストコンクリート構造の分類を，構造の種類，PC鋼材の種類，およびPC鋼材の緊張時期と組み合わせて示すと，概念的には図12.2のようになる．詳細を以下に記す．

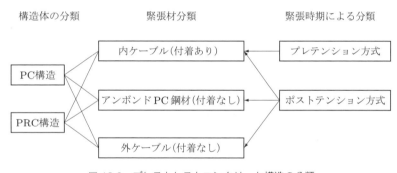

図 12.2　プレストレストコンクリート構造の分類
（土木学会コンクリート標準示方書，設計編，2017）

12.2.1　構造体の種類による分類

プレストレストコンクリートは，1.6.2項で説明したように，構造体の種類により，PC構造とPRC構造に大別できる．

使用性に関する照査において，断面引張縁での具体的な設計条件として，PC構造では引張応力発生限界状態，曲げひび割れ発生限界状態，PRC構造では曲げひび割れ幅限界状態などが設定される．

PC構造は，使用性に関する照査において，ひび割れの発生を許さないことを前提とし，プレストレスの導入により，コンクリートの縁応力度を制御する構造である．

PRC構造は，使用性に関する照査において，ひび割れの発生を許容し，異形鉄筋の

配置とプレストレスの導入により，ひび割れ幅を制御する構造である．

　採用にあたっては，環境条件，作用の性質，使用目的や期間，構造物または部材の機能，使用目的に応じて引張縁の限界状態を設定し，PC構造またはPRC構造に対してプレストレスの程度を適切に定めることが肝要である．

　ちなみに，通常の鉄筋コンクリート構造は，永続作用に対してもひび割れの発生を許容し，ただ，そのひび割れ幅をある制限値以下に抑える構造であるので，鉄筋コンクリートとプレストレストコンクリートとは一見異なった構造形式と思われるが，原理的には連続的なつながりをもつものである．

▌12.2.2　プレストレスを与える時期（緊張時期）による分類

　プレストレスを与える時期によって，**プレテンション方式**と**ポストテンション方式**に大別できる．プレテンション方式は，PC鋼材に引張力を与えておいてコンクリートを打ち込み，コンクリート硬化後にPC鋼材に与えておいた引張力をPC鋼材とコンクリートとの付着によりコンクリートに伝えてプレストレスを与える方法である（図12.3）．この方式は，工場でプレキャストコンクリート製品をつくる際に多く用いられている．

　ポストテンション方式は，コンクリートの硬化後，PC鋼材に引張力を与え，その端部をコンクリートに定着させてプレストレスを与える方法である（図12.4）．した

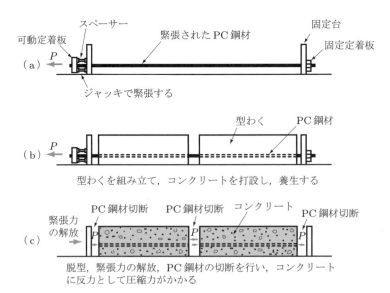

図 12.3　プレテンション方式

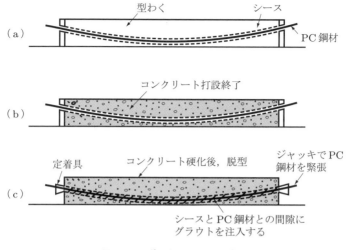

図 12.4 ポストテンション方式

がって，ポストテンション方式では，PC 鋼材を収容するためのシースと定着具†（PC 鋼材の端部をコンクリートに定着し，プレストレスを部材に伝達するための装置）が用いられる．この方式は，建設現場でプレストレスを導入する場合に多く用いられている．

12.2.3 PC 鋼材の配置方法や付着の有無による分類

（1）ボンドとアンボンド

PC 鋼材とコンクリートとの間の付着（**ボンド**）の有無により区別する．ボンド PC 鋼材は，PC 鋼材とコンクリートとが付着している場合をいう．アンボンド PC 鋼材は，つぎに述べるコンクリート断面外に配置される外ケーブルや，断面内にある PC 鋼材に付着を生じない工夫をしている場合をいう．アンボンドの場合，PC 鋼材の再緊張が可能である．しかし，付着がある場合と比較し，曲げ耐力はやや低下し，曲げひび割れ幅は大きくなる．

（2）内ケーブルと外ケーブル

PC 鋼材がコンクリート断面の内にあるか外にあるかで区別する．**内ケーブル**方式は，PC 鋼材をコンクリート断面内に配置する方式をいう．**外ケーブル**方式は，コンクリート断面外に PC 鋼材を配置する方法で，アウトケーブル方式ともよばれる．外ケーブル方式により，腹部の厚さが減少でき，自重が軽減できる．また，施工や維持管理が容易である．図 12.5 に，内ケーブルおよび外ケーブルの配置例を示す．

---

† 定着具には，くさび定着法，ねじ定着法，ループ定着法など，種々の方法がある．

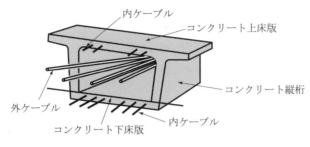

内ケーブル

コンクリート上床版

コンクリート縦桁

外ケーブル

内ケーブル

コンクリート下床版

図 12.5　外ケーブル配置例

12.3　プレストレス力の算定

　PC 部材に導入されたプレストレス力は，種々の原因で減少する．大別すると ① 緊張作業直後における減少と，② プレストレス導入後の経時的減少に分けられる．

12.3.1　緊張作業直後のプレストレス力

　緊張作業直後のプレストレス力は，次式によって求める．

$$P_t(x) = P_i - \Delta P_i(x) \tag{12.1}$$

ここに，$P_t(x)$：考慮している設計断面における緊張作業直後のプレストレス力，P_i：PC 鋼材端に与えた引張力による緊張作業中のプレストレス力，$\Delta P_i(x)$：緊張作業中および直後に生じるプレストレス力の減少量で，つぎの（1）〜（4）の影響を考慮して求める．

(1) コンクリートの弾性変形による減少

　プレテンション方式では，PC 鋼材の緊張を解放しプレストレスを導入する際に，コンクリートに弾性変形が生じ，初期緊張力が減少する．一方，ポストテンション方式では，全 PC 鋼材を同時に緊張すれば，コンクリートの弾性変形による減少は生じない．しかし，PC 鋼材をいくつかに分けて緊張すると，さきに緊張・定着した PC 鋼材の引張力は，あとの PC 鋼材の緊張にともなうコンクリートの弾性変形によって減少することになる．

　この場合，PC 鋼材引張応力度の平均減少量 $\Delta\sigma_p$ は近似的に，つぎのようにして求める．

　a) プレテンション方式の場合

$$\Delta\sigma_p = n_p \sigma'_{cpg} \tag{12.2}$$

b）ポストテンション方式の場合

$$\Delta\sigma_p = \frac{1}{2}n_p\sigma'_{cpg}\frac{N-1}{N} \tag{12.3}$$

ここに，n_p：PC 鋼材とコンクリートのヤング係数比 $(= E_p/E_c)$，σ'_{cpg}：プレストレスによる全 PC 鋼材の図心位置でのコンクリートの圧縮応力度，N：全 PC 鋼材の緊張回数である．

式 (12.3) は，内ケーブルおよびアンボンド PC 鋼材の場合に適用できる．外ケーブルの場合は示方書設計編を参照されたい．

（2）PC 鋼材とシースの摩擦による減少

ポストテンション方式では，PC 鋼材とシースとの間に摩擦があるため，PC 鋼材の引張力はジャッキ位置の緊張端から離れるにつれて減少する．これは，次式で表される．

$$P_x = P_i \cdot e^{-(\mu\alpha+\lambda x)} \tag{12.4}$$

ここに，P_x：設計断面における PC 鋼材の引張力，P_i：ジャッキの位置における PC 鋼材の引張力，μ：PC 鋼材の単位角変化（1 ラジアン）あたりの摩擦係数，α：角変化（ラジアン）（図 12.6 参照），λ：PC 鋼材の単位長さ (1 m) あたりの摩擦係数，x：PC 鋼材の緊張端から設計断面までの長さである．

摩擦係数 μ，λ は，試験によって定めるのが望ましいが，設計には表 12.3 の値を用いてよい．PC 鋼材と外ケーブルの保護管の摩擦係数については，示方書設計編を参照されたい．

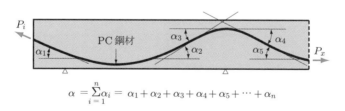

$$\alpha = \sum_{i=1}^{n}\alpha_i = \alpha_1 + \alpha_2 + \alpha_3 + \alpha_4 + \alpha_5 + \cdots + \alpha_n$$

図 12.6 PC 鋼材図心線の角変化
（土木学会コンクリート標準示方書，設計編，2017）

表 12.3 PC 鋼材と鋼製シースとの摩擦係数

鋼材種別	λ（単位：1/m）	μ
PC 鋼線	0.004	0.30
PC 鋼より線	0.004	0.30
PC 鋼棒	0.003	0.30

（土木学会コンクリート標準示方書，設計編，2017）

（3）緊張材を定着する際のセットによる減少

　ポストテンション方式で，緊張後に PC 鋼材を定着具で定着する際に，PC 鋼材がくさびなどとともに定着具に引き込まれる（セット）ために，引張力が減少する．この減少量は，つぎのようにして求められる．

　a）PC 鋼材とシースとの間に摩擦がない場合

$$\Delta P = \frac{\Delta l}{l} A_p E_p \tag{12.5}$$

ここに，ΔP：PC 鋼材のセットによる引張力の減少量，Δl：セット量（セット量はそれぞれの定着具に対して定める必要がある），l：PC 鋼材の長さ，A_p：PC 鋼材の断面積，E_p：PC 鋼材のヤング係数である．

　b）PC 鋼材とシースとの間に摩擦がある場合

$$\Delta l = \frac{A_{ep}}{A_p E_p}$$
$$\therefore A_{ep} = \Delta l \times A_p \times E_p \tag{12.6}$$

　この場合は，図 12.7 に示す水色の網掛け部の面積が $A_{ep} = \Delta l A_p E_p$ となるような cb″a″ 線（水平軸 ce に対して定着直前の引張力の分布 cb′a′ 線と対称となる）を求める．

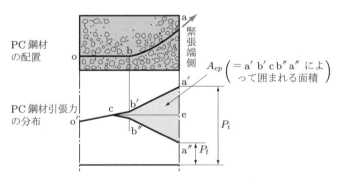

図 12.7　PC 鋼材の引張力の分布形状

ここに，a′b′o′ 線：PC 鋼材とシースの摩擦を考慮して，式 (12.4) より緊張端の初期引張力を P_i としたときの定着直前の PC 鋼材の引張力の分布，a″b″co′ 線：定着直後の PC 鋼材の引張力の分布，P_t：緊張端の定着直後の PC 鋼材の引張力である．

　なお，式 (12.5) および式 (12.6) は，内ケーブルおよびアンボンド PC 鋼材の場合に適用できる．外ケーブルの場合も同様の方法で算定してよいが，詳細は示方書設計編を参照されたい．

（4）そのほかによる減少

たとえば，プレキャストブロック工法の継目部の変形（なじみ）などを考慮する．

12.3.2　永続作用および変動作用下の有効プレストレス力

永続作用および変動作用下の有効プレストレス力は，式 (12.7) によって算定する．

$$P_e(x) = P_t(x) - \Delta P_t(x) \tag{12.7}$$

ここに，$P_e(x)$：考慮している設計断面における有効プレストレス力，$\Delta P_t(x)$：プレストレス力の経時的減少量で，つぎの（1），（2）の影響を考慮して求める．

（1）コンクリートのクリープ・収縮による減少

コンクリートのクリープおよび収縮の影響による緊張材の引張応力度の減少量 $\Delta\sigma_{pcs}$ は，鉄筋の拘束の影響を考慮することを原則とし，式 (12.8) によって算定してよい．

$$\Delta\sigma_{pcs} = \frac{n_p\rho_p\cdot\phi\cdot P_t + E_p\cdot A_p\cdot\varepsilon'_{cs}}{1 + n_p\rho_p(1+\chi\phi)} \tag{12.8}$$

ここに，n_p：PC 鋼材のコンクリートに対するヤング係数比 $(= E_p/E_c)$，ρ_p：緊張材の断面積比 $(= A_p/A_c)$，ϕ：コンクリートのクリープ係数，χ：エージング係数（一般には $\chi = 0.8$ としてよい），ε'_{cs}：コンクリートの収縮ひずみ，E_p：外ケーブルのヤング係数，E_c：コンクリートのヤング係数，A_p：外ケーブルの断面積，A_c：コンクリート全断面の断面積である．

なお，PC 構造では，比較的少量の鉄筋しか配置されていない場合には，鉄筋の拘束の影響を考慮しなくてもよく，たとえば，プレストレストコンクリート橋梁におけるPC 構造のように，多くの有効な実績がある場合には，コンクリートの収縮とクリープによる PC 鋼材引張応力度の減少量 $\Delta\sigma_{pcs}$ は，次式から求めてよい．

$$\Delta\sigma_{pcs} = \frac{n_p\phi(\sigma'_{cdp} + \sigma'_{cpt}) + E_p\varepsilon'_{cs}}{1 + n_p(\sigma'_{cpt}/\sigma_{pt})(1+\phi/2)} \tag{12.9}$$

ここに，ϕ：コンクリートのクリープ係数（表 12.4 参照），ε'_{cs}：コンクリートの収縮ひずみ（表 12.4 参照），n_p：PC 鋼材とコンクリートのヤング係数比 $(= E_p/E_c)$，σ'_{cdp}：自重そのほかの永続作用による PC 鋼材図心位置でのコンクリートの圧縮応力度，σ'_{cpt}：緊張作業直後のプレストレス力 $P_t(x)$ による PC 鋼材図心位置でのコンクリートの圧縮応力度，σ_{pt}：緊張作業直後の PC 鋼材引張応力度（式 (12.1) の $P_t(x)$ を PC 鋼材断面積 A_p で除した値）である．

（2）PC 鋼材のリラクセーションによる減少

一方，PC 鋼材のリラクセーションによる PC 鋼材引張応力度の減少量 $\Delta\sigma_{pr}$ は，コンクリートの収縮ひずみとクリープひずみの影響を考慮した，見かけのリラクセーショ

表 12.4 コンクリートの収縮ひずみおよびクリープ係数

	プレストレスを与えたとき または荷重を載荷するときのコンクリートの材齢				
	4〜7 日	14 日	28 日	3 ヶ月	1 年
収縮ひずみ（$\times 10^{-6}$）	360	340	330	270	150
クリープ係数	3.1	2.5	2.2	1.8	1.4

（土木学会コンクリート標準示方書，設計編，2017）

ン率を用いて，次式により求めてよい．

$$\Delta\sigma_{pr} = \gamma\sigma_{pt} \tag{12.10}$$

ここに，γ：PC 鋼材の見かけのリラクセーション率（表 12.5 参照）である．

表 12.5 PC 鋼材の見かけのリラクセーション率 γ

PC 鋼材の種類	γ [%]
PC 鋼線および PC 鋼より線	5
PC 鋼棒	3
低リラクセーション PC 鋼線および PC 鋼より線	1.5

（土木学会コンクリート標準示方書，設計編，2017）

12.3.3 プレストレスの有効率

プレストレスの有効率 η は，次式で求める．

$$\eta = \frac{P_e(x)}{P_t(x)} \tag{12.11}$$

有効率の値は，通常のプレストレストコンクリートで 0.80〜0.85 程度である．

12.4 性能照査の基本

プレストレストコンクリートを設計する場合，性能照査は，一般につぎの三つの状態に対して実施しなければならない．

（1）プレストレス導入直後の照査

コンクリートおよび PC 鋼材の応力度が所定の強度を超えないこと．

この状態で，PC 鋼材のプレストレス力は最大で，作用としては自重のみ生じている．

（2）有効プレストレスの状態の照査

コンクリートの収縮，クリープ，および PC 鋼材のリラクセーションが終了した状態の照査．使用時のもっとも不利な設計作用に対して，各応力度が所定の強度を，あ

るいは曲げひび割れ幅が限界値を超えないこと.

（3）安全性に関する照査

　構成材料の設計強度を用いて算定した設計断面耐力が，作用係数を乗じた設計作用による設計断面力より大きいこと.

12.5 使用性に関する照査

12.5.1 曲げモーメントおよび軸方向力に対する照査

（1）設計応力度計算上の仮定

① 繊ひずみは，部材断面の中立軸からの距離に比例する.

② コンクリートおよび鋼材は，一般に弾性体とする.

③ PC構造の場合，コンクリートは全断面を有効とする.

④ PRC構造の場合は，コンクリートの引張応力は，一般に無視する.

⑤ コンクリートのヤング係数は表 2.1 のとおりとし，PC鋼材のヤング係数は $200\,\mathrm{kN/mm^2}$ とする.

⑥ 付着がある PC 鋼材のひずみ増加量は，同位置のコンクリートのそれと同一とする.

⑦ 部材軸方向のダクトは，有効断面とみなさない.

⑧ PC鋼材とコンクリートが一体化したあとの断面定数は，PC鋼材とコンクリートのヤング係数比を考慮して求める.

　ただし，変動作用による材料の設計応力度は，つぎの⑨により求めた永続作用による応力度を起点として求めてよい.

⑨ 永続作用によるコンクリートおよび鋼材の設計応力度は，PC鋼材のリラクセーションの影響，コンクリートのクリープおよび収縮の影響，鉄筋の拘束の影響を考慮して求める.

（2）応力度の算定

　以下に，通常の使用時において，曲げひび割れが発生しない PC 構造に対する断面の応力度の計算法を示す（図 12.8 参照）.

（i）緊張作業直後の状態

　一般に部材自重は緊張作業中に作用しているから，この状態におけるコンクリートの応力度は次式となる.

　a）上縁応力

$$\sigma'_{ct} = \frac{P_t}{A_c} - \frac{P_t e_p}{I_c}y'_c + \frac{M_{p1}}{I_c}y'_c = \frac{P_t}{A_c}\left(1 - \frac{e_p y'_c}{{\gamma_c}^2}\right) + \frac{M_{p1}}{Z'_c} \tag{12.12}$$

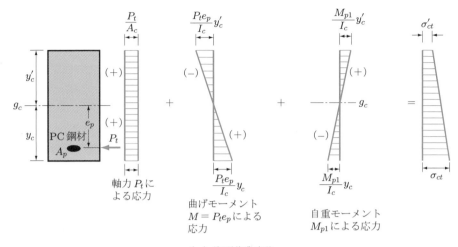

（a）緊張作業直後

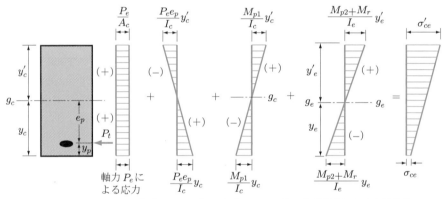

（b）永続作用および変動作用下

図12.8　曲げひび割れが発生しないPC断面の応力

b）下縁応力

$$\sigma_{ct} = \frac{P_t}{A_c} + \frac{P_t e_p}{I_c} y_c - \frac{M_{p1}}{I_c} y_c = \frac{P_t}{A_c}\left(1 + \frac{e_p y_c}{\gamma_c^2}\right) - \frac{M_{p1}}{Z_c} \qquad (12.13)$$

ここに，P_t：緊張作業直後のプレストレス力，M_{p1}：部材自重の曲げモーメント，e_p：コンクリート純断面図心軸 $g_c\text{–}g_c$ とPC鋼材図心間の偏心距離，A_c：コンクリート純断面の断面積（シース孔を除く），I_c：コンクリート純断面の $g_c\text{–}g_c$ 軸に関する断面二次モーメント，y_c, y_c'：それぞれの断面の下縁，上縁から $g_c\text{–}g_c$ 軸までの距離，γ_c：コ

ンクリート純断面の断面二次半径 ($\gamma_c = \sqrt{I_c/A_c}$), Z_c, Z_c' : コンクリートの純断面の断面係数 ($Z_c = I_c/y_c$, $Z_c' = I_c/y_c'$) である.

(ii) 永続作用および変動作用が生じている状態

　この状態では, PC鋼材の引張力は有効プレストレス力 $P_e = \eta P_t$ に減少している. プレテンション方式およびポストテンション方式で, グラウト (コンクリートと PC鋼材を付着させ, PC鋼材を被覆し腐食させないように保護するために, シース内に注入するセメントペーストまたはモルタル) 注入により PC鋼材とコンクリートとの間に付着を与えた場合には, プレストレス力と永続作用および変動作用による合成応力度は次式となる.

　a) 上縁応力

$$\sigma_{ce}' = \frac{P_e}{A_c} - \frac{P_e e_p}{I_c}y_c' + \frac{M_{p1}}{I_c}y_c' + \frac{M_{p2} + M_r}{I_e}y_e'$$
$$= \frac{P_e}{A_c}\left(1 - \frac{e_p y_c'}{\gamma_c^2}\right) + \frac{M_{p1}}{Z_c'} + \frac{M_{p2} + M_r}{Z_e'} \tag{12.14}$$

　b) 下縁応力

$$\sigma_{ce} = \frac{P_e}{A_c} + \frac{P_e e_p}{I_c}y_c - \frac{M_{p1}}{I_c}y_c - \frac{M_{p2} + M_r}{I_e}y_e$$
$$= \frac{P_e}{A_c}\left(1 + \frac{e_p y_c}{\gamma_c^2}\right) - \frac{M_{p1}}{Z_c} - \frac{M_{p2} + M_r}{Z_e} \tag{12.15}$$

ここに, M_{p2}, M_r : 部材自重以外の永続作用, 変動作用による曲げモーメント, A_e : 換算断面積, I_e : 換算断面の図心軸 g_e-g_e に関する断面二次モーメント, y_e, y_e' : それぞれ断面の下縁, 上縁から g_e-g_e 軸までの距離, Z_e, Z_e' : 換算断面の断面係数 ($Z_e = I_e/y_e$, $Z_e' = I_e/y_e'$) である.

　この場合の換算断面とは, PC鋼材面積 A_p を n_p (PC鋼材とコンクリートのヤング係数比 $= E_p/E_c$) で換算したもので, 次式から計算する.

$$\left.\begin{array}{l} A_e = A_c + n_p A_p \\[4pt] y_e = \dfrac{A_c y_c + n_p A_p y_p}{A_c + n_p A_p} \\[8pt] y_e' = h - y_e \\[4pt] I_e = I_c + A_c(y_c - y_e)^2 + n_p A_p(y_e - y_p)^2 \end{array}\right\} \tag{12.16}$$

ここに, y_p : コンクリート下縁から PC鋼材図心位置までの距離である.

　ポストテンション方式で, PC鋼材とコンクリート間に付着を与えないアンボンドタイプの場合には, $M_{p2} + M_r$ による応力もコンクリートの純断面を用いて計算する. すなわち, 式 (12.14) および式 (12.15) 中の Z_e' および Z_e を, Z_c' および Z_c とすれば

よい.

(3) 応力度の制限

　a）コンクリートの曲げ圧縮応力度および軸方向圧縮応力度の制限値は，永続作用下において，$0.4f'_{ck}$ の値とする．ここに，f'_{ck} は，コンクリートの圧縮強度の特性値である．

　b）永続作用と変動作用を組み合わせた場合の PC 鋼材の引張応力度は，$0.7f_{puk}$ 以下とする．ここに，f_{puk} は，PC 鋼材の引張強度の特性値である．

　c）鉄筋の引張応力度の制限値は，f_{yk} の値とする．ここに，f_{yk} は，鉄筋の降伏強度の特性値である．

　d）永続作用と変動作用を組み合わせた場合の PC 構造のコンクリートの縁引張応力度は，つぎの ① および ② により制限する．

① コンクリートの縁引張応力度 f'_{te} の制限値は，曲げひび割れ強度の値とする（表 12.6 参照）.

表 12.6　PC 構造に対するコンクリート縁引張応力度 f'_{te} の制限値 [N/mm²]

作用状態	断面高さ [m]	設計基準強度 f'_{ck} [N/mm²]					
		30	40	50	60	70	80
永続作用 + 変動作用	0.25	2.3	2.7	3.0	3.4	3.7	4.0
	0.5	1.7	2.0	2.3	2.6	2.9	3.1
	1.0	1.3	1.6	1.8	2.1	2.3	2.5
	2.0	1.1	1.3	1.5	1.7	1.9	2.0
	3.0 以上	1.0	1.2	1.3	1.5	1.7	1.8

（土木学会コンクリート標準示方書，設計編，2017）

② コンクリートの縁引張応力度が引張応力度となる場合には，式 (12.17) により算定される断面積以上の引張鋼材を配置し，引張鋼材には異形鉄筋を用いることを原則とする．

$$A_s = \frac{T_c}{\sigma_{sl}} \tag{12.17}$$

ここに，A_s：引張鋼材の断面積，T_c：コンクリートに作用する全引張力である．σ_{sl}：引張鋼材の引張応力度増加量の制限値で，異形鉄筋に対しては 200 N/mm² としてよい．プレテンション方式の PC 鋼材に対しては 200 N/mm²，ポストテンション方式の PC 鋼材に対しては 100 N/mm² とするのがよい．なお，外ケーブルなど付着のない PC 鋼材は引張鋼材とはみなさない．

（4）PC 構造に関する照査

　照査は，式 (12.12)〜(12.15) から求められる緊張作業直後と，永続作用および変動作用が生じているときの四つの断面上・下縁の応力度が，それぞれコンクリートの所定の強度を超えてはならないという条件から，具体的には以下の条件を満足しなければならない．

　a）緊張作業直後

$$\sigma'_{ct} \geqq f'_{tt} \tag{12.18}$$

$$\sigma_{ct} \leqq f_{ct} \tag{12.19}$$

　b）永続作用および変動作用下

$$\sigma'_{ce} \leqq f_{ce} \tag{12.20}$$

$$\sigma_{ce} \geqq f'_{te} \tag{12.21}$$

ここに，f_{ct}, f_{ce}：緊張作業中と，永続作用および変動作用が生じているときのコンクリートの所定圧縮強度（すなわち，$f_{ct} \leqq 0.6f'_{ck}$, $f_{ce} \leqq 0.4f'_{ck}$)（+），f'_{tt}, f'_{te}：緊張作業中と，永続作用および変動作用が生じているときのコンクリートの所定引張強度（すなわち $f'_{tt} \leqq f_{bck}$，式 (2.7) 参照，f'_{te} の制限値は表 12.6 に示す）（−）である．

　これら四つの条件式 (12.18)〜(12.21) を同時に満足するように，断面の形状寸法，プレストレス力，偏心距離を決定する．

　ここで，断面の形状寸法を決める値として，Z', Z（PC 鋼材とコンクリートとの間に付着がある場合とない場合では，断面係数は変わるが，近似的に同一として Z', Z とする）を用いるとすると，

$$Z' \geqq \frac{M_{p2} + M_r + (1-\eta)M_{p1}}{f_{ce} + \eta f'_{tt}} \tag{12.22}$$

$$Z \geqq \frac{M_{p2} + M_r + (1-\eta)M_{p1}}{\eta f_{ct} + f'_{te}} \tag{12.23}$$

となる．また，Z', Z と I（I_c も I_e も変わらないとして I とし，y'_e と y'_c, y_e と y_c も変わらないとして，それぞれ y' と y とする）との関係から，

$$\frac{1}{Z} + \frac{1}{Z'} = \frac{y'+y}{I} = \frac{h}{I} \leqq \frac{f_{ce} + f'_{te} + \eta(f_{ct} + f'_{tt})}{M_{p2} + M_r + (1-\eta)M_{p1}} \tag{12.24}$$

または，

$$\frac{I}{h} \geqq \frac{M_{p2} + M_r + (1-\eta)M_{p1}}{f_{ce} + f'_{te} + \eta(f_{ct} + f'_{tt})} \tag{12.25}$$

である．ここで，$1-\eta$ は小さいので，自重による M_{p1} の影響を無視すると，I/h の
おおよその値を算定できる．すなわち，式 (12.25) からわかるように，断面算定に関し
て，PC 構造は上述したように自重の影響は小さく，自重を 100% 考慮しなければな
らない鉄筋コンクリート構造に比べて有利な構造形式となる．とくにスパンが長くな
るほど自重が影響してくるので，そのような構造には PC 構造が有利にはたらく．ま
た，部材高さ h を一定として考えると，断面二次モーメント I が大きいほど大きな活
荷重などに抵抗できることになるので，PC 構造では長方形断面よりも上・下縁部分
の断面を大きくして，断面二次モーメントを大きくした T 形や箱形断面のほうが有利
な断面形状になる．

例題 12.1　図 12.9 に示すような断面を有するポストテンション方式の PC 単純ば
りについて，つぎの問いに答えよ．

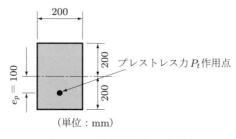

（単位：mm）

図 12.9　長方形断面 PC 部材

(1) この断面で $e_p = 100\,\mathrm{mm}$ としたとき，緊張作業直後における上・下縁の応力度
　を計算し，安全を照査せよ．ただし，PC 鋼棒は SBPR 930/1 180，呼び名 26 mm
　（$A_p = 530.9\,\mathrm{mm}^2$）を 1 本使用し，緊張作業直後のプレストレス力 P_t は $0.85 f_{pyk}$
　（f_{pyk} は緊張材の降伏強度の特性値）とする．この場合のコンクリートの圧縮強度の
　特性値 f'_{ck} は 30 N/mm^2，粗骨材の最大寸法は 20 mm とする．また，部材自重によ
　る曲げモーメントは $M_{p1} = 15\,\mathrm{kN \cdot m}$ とする．
(2) この断面に部材自重以外の永続作用による曲げモーメント $M_{p2} = 4\,\mathrm{kN \cdot m}$，変動作
　用による曲げモーメント $M_r = 36\,\mathrm{kN \cdot m}$ が作用したとき，上・下縁の応力度を計算
　し，安全を照査せよ．ただし，コンクリートの圧縮強度の特性値 f'_{ck} は 50 N/mm^2，
　プレストレスの有効率 η は 0.85 とする．

解
(1) 表 12.1 より，この鋼棒の f_{pyk} は 930 N/mm^2 であるから，プレストレス力 P_t は，

$$P_t = 0.85 \cdot f_{pyk} \cdot A_p = 0.85 \times 930 \times 530.9 = 419\,676\,\text{N}$$

である．ここで，PC鋼材の断面積を無視すると，

部材の断面積：$A_c = 200 \times 400 = 80\,000\,\text{mm}^2$

部材の断面図心：$y'_c = y_c = \dfrac{h}{2} = \dfrac{400}{2} = 200\,\text{mm}$

と求められ，断面係数は，

$$Z = \frac{I_c}{y'_c} = \frac{bh^3/12}{h/2} = \frac{b \cdot h^2}{6} = \frac{200 \times 400^2}{6} = 5.333 \times 10^6\,\text{mm}^3$$

となる．この断面に生じる上・下縁の応力度は，つぎのようになる（図 12.8 参照）．

$$\frac{\sigma'_{ct}}{\sigma_{ct}} = \frac{P_t}{A_c} \mp \frac{P_t \cdot e_p}{Z} \pm \frac{M_{p1}}{Z} = \frac{419\,676}{80\,000} \mp \frac{419\,676 \times 100}{5.333 \times 10^6} \pm \frac{1.5 \times 10^7}{5.333 \times 10^6}$$
$$= 5.25 \mp 7.87 \pm 2.81$$

よって，このときの上縁の応力度およびこの照査は，式 (12.18) より，

$$\sigma'_{ct} = 5.25 - 7.87 + 2.81 = 0.19\,\text{N/mm}^2 \geqq f'_{tt} = f_{bck}$$
$$= -1.83\,\text{N/mm}^2 \quad (f_{bck}\ \text{の計算過程は省略})$$

となり，下縁の応力度および照査は，式 (12.19) より，次式となる．

$$\sigma_{ct} = 5.25 + 7.87 - 2.81 = 10.3\,\text{N/mm}^2 \leqq f_{ct} = 0.6 f'_{ck} = 18\,\text{N/mm}^2$$

(2) 有効プレストレス力 P_e は，有効率 η が 0.85 であるから，

$$P_e = \eta \cdot P_t = 0.85 \times 419\,676 = 356\,724\,\text{N}$$

$$n_p = \frac{E_p}{E_c} = \frac{200}{33} = 6.06$$

$$y_e = \frac{A_c y_c + n_p A_p y_p}{A_c + n_p A_p} = \frac{80\,000 \times 200 + 6.06 \times 530 \times 100}{80\,000 + 6.06 \times 530} = 196.1\,\text{mm}$$

$$y'_e = h - y_e = 400 - 196.1 = 203.9\,\text{mm}$$

$$I_e = I_c + A_c(y_c - y_e)^2 + n_p A_p(y_e - y_p)^2$$
$$= 1.067 \times 10^9 + 80\,000(200 - 196.1)^2 + 6.06 \times 530(196.1 - 100)^2$$
$$= 1.10 \times 10^9\,\text{mm}^4$$

となる．上・下縁の応力度および照査は，つぎのようになる（図 12.8 参照）．

$$\sigma'_{ce} = \frac{P_e}{A_c} - \frac{P_e e_p}{I_c} y'_c + \frac{M_{p1}}{I_c} y'_c + \frac{M_{p2} + M_r}{I_e} y'_e$$
$$= \frac{356\,724}{80\,000} - \frac{356\,724 \times 100}{1.067 \times 10^9} \times 200 + \frac{1.5 \times 10^7}{1.067 \times 10^9} \times 200$$

$$+\frac{(4+36)\times 10^6}{1.10\times 10^9}\times 203.9$$

$$=8.00\,\mathrm{N/mm^2} < f_{ce}=0.4f'_{ck}=0.4\times 50=20\,\mathrm{N/mm^2}$$

$$\sigma_{ce}=\frac{P_e}{A_c}+\frac{P_e e_p}{I_c}y_c-\frac{M_{p1}}{I_c}y_c-\frac{M_{p2}+M_r}{I_e}y_e$$

$$=\frac{356\,724}{80\,000}+\frac{356\,724\times 100}{1.067\times 10^9}\times 200-\frac{1.5\times 10^7}{1.067\times 10^9}\times 200$$

$$-\frac{(4+36)\times 10^6}{1.10\times 10^9}\times 196.1$$

$$=1.20\,\mathrm{N/mm^2} > f'_{te}=-2.58\,\mathrm{N/mm^2}\ (\text{表 12.6 参照})$$

以上より，いずれの照査も満足する.

（5）PRC 構造に関する照査

　PRC 構造では，一般にコンクリートの引張応力は無視されているので，コンクリートに発生するひび割れが構造物の外観を損なわないように，4.5.2 項で述べている RC 構造の場合と同様に，ひび割れ幅に対する照査を行わなければならない.

12.5.2　せん断力に対する照査

　コンクリートの設計斜め引張応力度の計算は，全断面有効として次式を用いて行う.

$$\sigma_i=\frac{\sigma_x+\sigma_y}{2}+\frac{\sqrt{(\sigma_x-\sigma_y)^2+4\tau^2}}{2} \tag{12.26}$$

ここに，σ_i：コンクリートの設計斜め引張応力度，σ_x：垂直応力度，σ_y：σ_x に直交する応力度，τ：せん断力とねじりモーメントによるせん断応力度である.

　PC 鋼材が傾斜して配置されている場合には，コンクリート断面に作用するせん断力は，外力のせん断力から PC 鋼材の引張力の鉛直成分を差し引いた値となる．なお，緊張作業直後において，緊張材の引張力による鉛直成分が，そのとき作用している外力によるせん断力より大きい場合には，逆向きのせん断力となることがあるので注意する.

　一般に斜め引張応力度の計算は，部材断面図心位置と垂直応力度が 0 の位置で行えばよい．支承前面から部材の全高さの半分までの区間においては，一般に斜め引張応力度の計算を行う必要はない．ただし，この区間には，支承前面から部材の全高さの半分だけ離れた断面において必要とされる量のせん断補強鋼材を配置する.

　また，PC 構造として設計するコンクリート部材の斜め引張応力度は，つぎの制限値を超えてはならない.

① せん断力またはねじりモーメントを考慮する場合の制限値は，コンクリートの設計引張強度の 75% の値とする.

② せん断力とねじりモーメントを考慮する場合の制限値は，コンクリートの設計引張強度の 95% の値とする.

　PRC 構造の場合は，鉄筋コンクリート構造と同様の方法で照査すればよい（詳細は示方書設計編を参照のこと）. 部材のせん断耐力は，コンクリートの設計せん断耐力 V_{cd} に，傾斜した PC 鋼材の有効引張力の設計せん断力に平行な成分 V_{ped}（後述する式 (12.41) 参照のこと）を加算してもよい. したがって，設計せん断力 V_d が V_{cd} と V_{ped} の和の値よりも小さい場合には，せん断ひび割れ（斜めひび割れ）の照査を行わなくてもよい.

12.6 安全性に関する照査

12.6.1 曲げモーメントおよび軸方向力に対する照査

（1）曲げ耐力の計算上の仮定

① 維ひずみは，断面の中立軸からの距離に比例する.

② コンクリートの引張抵抗は無視する.

③ 断面圧縮域コンクリートの応力分布は，コンクリートの応力 – ひずみ曲線（第 2 章の図 2.2）を用いて定める. 設計では通常，第 4 章の図 4.5 に示した等価応力ブロックを用いる.

④ PC 鋼材の応力 – ひずみ関係は，図 12.10 を用いる.

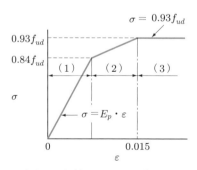
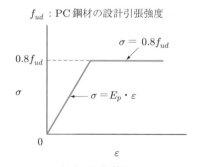

（a）PC 鋼線，PC 鋼より線および
　　　PC 鋼棒 1 号

（b）PC 鋼棒 2 号

図 12.10　PC 鋼材のモデル化された応力 – ひずみ曲線
（土木学会コンクリート標準示方書，設計編，2017）

（2）曲げ耐力の算定

ここでは，一般的な T 形断面に対して，設計耐力の計算法の一例を示す．計算の手順は以下のようである．

① 圧縮断面域の等価応力ブロックが完全にフランジ内にある $(a = \beta x \leqq t)$ と仮定する（図 12.11（a））．

② PC 鋼材ひずみが図 12.10（a）の（3）領域 $(\varepsilon \geqq 0.015)$ にあると仮定する．

③ 次式より，等価応力ブロックの圧縮合力 C' と PC 鋼材引張力 T を求める．

$$C' = k_1 f'_{cd} \cdot b \cdot \beta x \tag{12.27}$$

$$T = 0.93 f_{ud} \cdot A_p \tag{12.28}$$

④ 力の釣合い条件 $C' = T$ より，中立軸位置 x は次式で与えられる．

$$x = \frac{0.93 f_{ud} \cdot A_p}{\beta \cdot k_1 f'_{cd} \cdot b} \tag{12.29}$$

⑤ $a = \beta x \leqq t$ のとき，⑦へ進む．

$a = \beta x > t$ のとき，圧縮合力 C' を次式で示す（図 12.11（b））．

$$C' = k_1 f'_{cd} \{ b \cdot t + b_w (\beta x - t) \} \tag{12.30}$$

⑥ 式 (12.30) の C' と式 (12.28) の T を用い，$C' = T$ より再度 x を計算し⑦へ進む．

$$x = \frac{0.93 f_{pud} \cdot A_p - k_1 f'_{cd} \cdot t (b - b_w)}{\beta \cdot k_1 f'_{cd} \cdot b_w} \tag{12.31}$$

⑦ 上記の x に対して，PC 鋼材引張応力度の検討を行う．断面破壊時の PC 鋼材ひずみ ε_p は，有効引張応力度 $\sigma_{pe} = P_e / A_p$ によるひずみ $\varepsilon_{pe} = \sigma_{pe} / E_p$ を考慮すると，つぎのように表せる．

$$\varepsilon_p = \frac{d - x}{x} \cdot \varepsilon'_{cu} + \varepsilon_{pe} \tag{12.32}$$

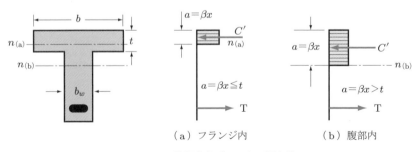

（a）フランジ内 （b）腹部内

図 12.11 等価応力ブロックの深さ域

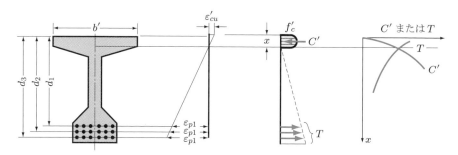

図 12.12 曲げ耐力の図式による求め方

⑧ $\varepsilon_p \geqq 0.015$ のとき，断面破壊時の PC 鋼材の引張応力度を $0.93f_{pud}$ とした上記②の仮定は正しい．この場合，⑨の式 (12.33) より M_u を求める．

 $\varepsilon_p < 0.015$ のとき，この場合は PC 鋼材応力度が図 12.10（a）の（1）または（2）領域にあり，最初からやり直して，トライアル計算を行う必要がある．実用的には，図 12.12 に示す図式解法により $C' = T$ を満足する中立軸位置 x を求めるのが便利である．M_u の計算は⑩の式 (12.34) による．

⑨ ⑧で $\varepsilon_p \geqq 0.015$ のとき，曲げ耐力 M_u は，次式から計算することができる．

$$M_u = 0.93f_{ud}A_p(d - 0.5\beta x) \qquad (a \leqq t \text{ のとき}) \tag{12.33}$$

⑩ ⑧で $\varepsilon_p < 0.015$ のときは，M_u の値は次式から算定する．

$$M_u = \sigma_p A_p(d - 0.5\beta x) \qquad (a \leqq t \text{ のとき}) \tag{12.34}$$

ここに，σ_p：PC 鋼材ひずみ $\varepsilon_p = \varepsilon'_{cu}\cdot(d-x)/x + \varepsilon_{pe}$ に対応する応力度 σ_p をその応力 – ひずみ関係（図 12.10（a））から求めたものである．

なお，$a = \beta x > t$ の場合，⑨，⑩で $0.5\beta x$ の代わりに，つぎの x_0 を用いる．

$$x_0 = \frac{bt^2/2 + (\beta x - t)(\beta x + t)\cdot b_w/2}{bt + b_w(\beta x - t)} \tag{12.35}$$

ここで式 (12.27)～(12.35) 中では，一般には $k_1 = 0.85$，$\beta = 0.8$ としてよい．

（3）断面破壊に対する照査

断面破壊に対する照査は，第 4 章で述べた鉄筋コンクリートの場合と同様に，次式によって行う．

$$\gamma_i \cdot \frac{M_d}{M_{ud}} \leqq 1.0 \qquad (\gamma_i：構造物係数) \tag{12.36}$$

ただし，M_{ud}：設計曲げ耐力 $(= M_u/\gamma_b)$，M_d：設計曲げモーメントである．

部材係数 γ_b は，鉄筋コンクリートと同等に，一般に $\gamma_b = 1.1$ としてよい．

12.6.2 せん断力に対する照査

PC 構造のせん断力に対する安全性の照査に関して，棒部材の設計せん断耐力 V_{yd} は，式 (12.37) によって求めてよい．

ただし，せん断補強鉄筋として折曲鉄筋とスターラップを併用する場合は，せん断補強鉄筋が受けもつべきせん断力の 50% 以上をスターラップで受けもたせるものとする．

$$V_{yd} = V_{cd} + V_{sd} + V_{ped} \tag{12.37}$$

ここに，V_{cd}：せん断補強鋼材を用いない棒部材の設計せん断耐力で，式 (12.38) による．

$$V_{cd} = \frac{\beta_d \cdot \beta_p \cdot \beta_n \cdot f_{vcd} \cdot b_w \cdot d}{\gamma_b} \tag{12.38}$$

$$f_{vcd} = 0.20\sqrt[3]{f'_{cd}} \ \ [\text{N/mm}^2] \quad (ただし，f_{vcd} \leqq 0.72 \ [\text{N/mm}^2]) \tag{12.39}$$

$$\beta_d = \sqrt[4]{\frac{1\,000}{d}} \ \ [d\text{: mm}] \qquad (ただし，\beta_d > 1.5 となる場合は 1.5)$$

$$\beta_p = \sqrt[3]{100 p_v} \qquad\qquad (ただし，\beta_p > 1.5 となる場合は 1.5)$$

$$\beta_n = \sqrt{1 + \frac{\sigma_{cg}}{f_{vtd}}} \qquad\quad (ただし，\beta_n > 2 となる場合は 2)$$

$$p_v = \frac{A_s}{b_w \cdot d} \tag{12.40}$$

ここに，b_w：腹部の幅 [mm]，d：有効高さ [mm]，A_s：引張側鋼材の断面積 [mm²]，f'_{cd}：コンクリートの設計圧縮強度 [N/mm²]，$f_{vtd} = 0.23 f'^{2/3}_{cd}$ [N/mm²]，σ_{cg}：断面高さの 1/2 の高さにおける平均プレストレス [N/mm²]，γ_b：部材係数（一般に 1.3 としてよい）である．V_{sd}：せん断補強鋼材により受けもたれる設計せん断力で，式 (12.41) による．

$$V_{sd} = \left\{ \frac{A_w f_{wyd}(\sin\alpha_s \cot\theta + \cos\alpha_s)}{s_s} + \frac{A_{pw}\sigma_{pw}(\sin\alpha_{ps}\cot\theta + \cos\alpha_{ps})}{s_p} \right\} \frac{z}{\gamma_b} \tag{12.41}$$

ここに，A_w：区間 s_s におけるせん断補強鉄筋の総断面積 [mm²]，A_{pw}：区間 s_p におけるせん断補強用緊張材の総断面積 [mm²]，σ_{pw}：せん断補強鉄筋降伏時におけるせん断補強用緊張材の引張応力度 [N/mm²] で式 (12.42) による，α_s：せん断補強鉄筋が部材軸となす角度，α_{ps}：せん断補強用緊張材が部材軸となす角度，θ：コンクリートの圧縮ストラットの角度 [1]（$\cot\theta = \beta_n$ として計算する．ただし，$36° \leqq \theta \leqq 45°$ とする），s_s：せん断補強鉄筋の配置間隔 [mm]，s_p：せん断補強用緊張材の配置間隔 [mm]，z：圧縮応力の合力の作用位置から引張鋼材図心までの距離（一般に $d/1.15$ と

してよい），γ_b：部材係数（一般に 1.1 としてよい）である．

$$\sigma_{pw} = \sigma_{wpe} + f_{wyd} \leqq f_{pyd} \tag{12.42}$$

ここに，σ_{wpe}：せん断補強用緊張材の有効引張応力度 [N/mm²]，f_{wyd}：せん断補強鉄筋の設計降伏強度（$25f'_{cd}$ [N/mm²] と 800 N/mm² のいずれか小さい値を上限とする），f_{pyd}：せん断補強用緊張材の設計降伏強度 [N/mm²] である．ただし，$p_w \cdot f_{wyd}/f'_{cd} \leqq 0.1$ とするのがよい．

$$p_w = \frac{A_w}{b_w \cdot s_s} + \frac{A_{pw} \cdot \sigma_{pw}/f_{wyd}}{b_w \cdot s_p}$$

ここに，V_{ped}：軸方向緊張材の有効引張力のせん断力に平行な成分で，式 (12.43) による．

$$V_{ped} = \frac{P_{ed} \cdot \sin \alpha_{pl}}{\gamma_b} \tag{12.43}$$

ここに，P_{ed}：軸方向緊張材の有効引張力 [N]，α_{pl}：軸方向緊張材が部材軸となす角度，γ_b：一般に 1.1 としてよい．

　一般に，プレストレスなどの軸方向圧縮力は，せん断補強鋼材を用いない棒部材のせん断力を増加させる効果を有するとともに，軸方向圧縮力が作用する棒部材の斜めひび割れ傾斜角（圧縮ストラットの角度）は 45° より小さくなることが知られている．式 (12.38) で，β_n はプレストレスの効果を考慮する係数であり，その効果を圧縮ストラットの角度変化と関連づけて評価している．それとともに，せん断補強材によって受けもたれるせん断耐力も斜めひび割れの傾斜角によって異なるとするのが合理的であり，式 (12.41) では可変角トラス理論式 [1] を採用している．

　なお，β_n は a/d が 2.5 以上の実験結果に基づいて定められたものであるので，設計せん断圧縮破壊耐力の算定には適用してはならない．

　設計せん断圧縮破壊耐力は，鉄筋コンクリートに対する算定方法を参考にするなどして，プレストレスの影響を考慮して適切に算定する．

　ダクト一つの直径が腹部幅の 1/8 以上となる場合には，腹部の幅 b_w を実際の腹部幅よりも小さくとらなければならない．その場合，腹部の幅は，その断面に配置されているダクト直径 ϕ の総和の半分を減じて，$b_w - (1/2)\sum \phi$ とする．

12.7　施工時における照査

　ここに示す施工時とは，一般に緊張作業中，緊張作業直後およびそれ以後の構造物の供用が開始されるまでの状態をいう．

施工時には，一般につぎの照査を行う．

① 緊張作業中および緊張作業直後の PC 鋼材の引張応力度は，それぞれ $0.8f_{puk}$ または $0.9f_{pyk}$，および $0.7f_{puk}$ または $0.85f_{pyk}$ の小さいほうの値以下とする．ここに，f_{puk} および f_{pyk} は，PC 鋼材の引張強度および降伏強度の特性値である．

② 曲げモーメントおよび軸方向力によるコンクリートの縁引張応力度は，部材寸法効果を考慮したコンクリートの曲げひび割れ強度 f_{bck}（式 (2.7) 参照）以下とする．

　　ただし，コンクリートの曲げひび割れ強度の特性値は，検討時点におけるコンクリートの圧縮強度の特性値を用いて，γ_c の値を 1.0 として求めてよい．

　　また，引張応力を生じるコンクリート部分には，12.5.1（3）項によって算出される引張鋼材の断面積の 3/4 倍の値以上の断面積の引張鋼材を配置する．

③ せん断およびねじりモーメントによるコンクリートの斜め引張応力度は，コンクリートの設計引張強度以下とする．ただし，コンクリートの設計引張強度の値は，検討時点におけるコンクリートの圧縮強度を特性値としてよい．なお，その場合 γ_c の値を 1.0 としてよい．

④ 緊張作業直後における曲げモーメント，および軸方向力によるコンクリートの曲げ圧縮応力度および軸方向圧縮応力度は，それぞれ検討時点のコンクリートの圧縮強度の特性値の 0.60 倍の値，および 0.50 倍の値以下であることを照査する．

⑤ 安全性に関する照査は，必要に応じて，12.6 節に準じて行う．その場合，コンクリートの設計圧縮強度などは，検討時点におけるコンクリートの圧縮強度を特性値として，材料係数 γ_c の値を 1.0 として求めてよい．

━━ **演習問題** ━━

12.1　図 12.13 に示す PC 部材の長方形断面に，プレストレス力 $P_t = 240\,\text{kN}$ が作用したとき，上縁に引張応力度 $\sigma'_{ct} = -0.5\,\text{N/mm}^2$，下縁に圧縮応力度 $\sigma_{ct} = 2.5\,\text{N/mm}^2$ が生じた．P_t 作用点の図心軸からの偏心距離 e_p を求めよ．

12.2　鉄筋コンクリート構造と PRC 構造の相違点を述べよ．

12.3　プレテンション方式とポストテンション方式の違いを述べよ．

12.4　プレストレスの有効率に関係する要因を列挙せよ．

12.5　PC 構造は，RC 構造に比べてスパンが長くなると有利になる理由を述べよ．

12.6　PC 構造では，長方形断面よりも I 形断面のほうが有利になる理由を述べよ．

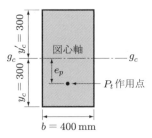

図 12.13　長方形断面
PC 部材

12.7　つぎの（　　）内に適当な語句を入れよ.

　　PC 構造では，PC 鋼材が傾斜して配置されている場合，コンクリート断面に作用する
せん断力は（　　）から（　　）を差し引いた値となる.

演習問題略解

第1章

1.1 p.1 下 4 行参照.
1.2 p.8 下 9 行〜p.9 参照.
1.3 p.10 上から 2〜4 行目参照.
1.4 p.10 上から 12〜13 行目参照.
1.5 p.10 上から 14〜16 行目参照.
1.6 p.11 上から 12 行目参照.
1.7 p.11 上から 14 行目参照.
1.8 表 1.4 と表 1.5 参照.
1.9 ① 転倒に対する照査, ② 鉛直支持に対する照査, ③ 水平支持に対する照査.

第2章

2.1

	コンクリート	鉄 筋
対象	圧縮材	引張材・圧縮材
形状（材料力学）	放物線（弾塑性）と直線（塑性）	二つの直線式（弾性と塑性）
最大応力	設計圧縮強度の 85%	設計降伏強度
終局ひずみ	0.0035	設定しない
ヤング係数	$22\sim38\,\mathrm{kN/mm^2}$	$200\,\mathrm{kN/mm^2}$
ポアソン比	0.20	0.30

2.2 普通丸鋼は SR, 異形鉄筋は SD, 再生丸鋼は SRR, 再生異形鉄筋は SDR.

2.3 普通コンクリートの場合

$$f'_{ck} = 18\,\mathrm{N/mm^2} \text{ のとき, } n = \frac{E_s}{E_c} = 9.1$$

$$f'_{ck} = 80\,\mathrm{N/mm^2} \text{ のとき, } n = \frac{E_s}{E_c} = 5.3$$

第3章

3.1 鉛直方向作用：死荷重, 活荷重, 雪荷重
水平方向作用：土圧, 水圧, 波力, 地震作用, 風荷重

3.2 断面力：作用によってその断面に生じる力量で, 曲げモーメント, せん断力, 軸力などである. 構造解析（構造力学）により求める. 設計に用いる値は, 安全性を考慮して大きめとする.
断面耐力：断面の大きさや鉄筋量によって決まる最大耐荷能で, 曲げ部材では曲げ耐力（破壊曲げモーメント）を指し, 断面諸元と材料の品質によって求められる作用と無関係な断面固有の値である. 設計に用いる値は, 安全性を考慮し小さめにする. 断面耐力と断面力は同じ単位を使用する.

第 4 章

4.1 (1) $x = 182.3 \, \text{mm}, \ I_i = 3.25 \times 10^9 \, \text{mm}^4$

(2) $M_d = 143 \, \text{kN·m}$

(3) $\sigma_c' = 8.0 \, \text{N/mm}^2, \ \sigma_s = 115 \, \text{N/mm}^2$

(4) $p = 0.0115 < 0.75 p_b = 0.75 \times 0.0375 = 0.028$ であるから，曲げ引張破壊である．規定を満足している．

(5) $M_{ud} = 402 \, \text{kN·m}, \ \gamma_i \cdot \dfrac{M_d}{M_{ud}} = 1.1 \times \dfrac{273}{402} = 0.75 < 1.0$. よって安全である．

4.2 (1) $x = 175.2 \, \text{mm}, \ I_i = 4.91 \times 10^9 \, \text{mm}^4$

(2) $\sigma_c' = 5.4 \, \text{N/mm}^2, \ \sigma_s' = 27.3 \, \text{N/mm}^2, \ \sigma_s = 101 \, \text{N/mm}^2$

(3) $M_{ud} = \dfrac{A_s' f_{yd}'(d - d')}{\gamma_b} = 401 \, \text{kN·m}$

(4) $\gamma_i \cdot \dfrac{M_d}{M_{ud}} = 1.1 \times \dfrac{350}{401} = 0.96 < 1.0 \qquad \therefore \quad$ 安全

4.3 (1) $n = 7.1, \ x = 299.9 \, \text{mm} > t, \ I_i = 4.43 \times 10^{10} \, \text{mm}^4, \ z = 809 \, \text{mm}$

(2) $\sigma_c' = 8.1 \, \text{N/mm}^2, \ \sigma_s = 115 \, \text{N/mm}^2$

(3) $a = 180.3 \, \text{mm} > t = 160 \, \text{mm}$，よって T 形断面として計算する．$a = 216.8 \, \text{mm}$

(4) 釣合い鉄筋比以下であるから，曲げ引張破壊である．

(5) $M_{ud} = 3\,640 \, \text{kN·m}$

(6) $\gamma_i \cdot \dfrac{M_d}{M_{ud}} = 0.91 < 1.0$　よって安全である．

4.4 (1) $\delta = 15.0 \, \text{mm}$

(2) $\delta = 7.8 \, \text{mm}$

第 5 章

5.1 $V_d = 192.6 \, \text{kN}$

5.2 ① $\gamma_i \cdot \dfrac{V_d}{V_{wcd}} = 1.15 \times \dfrac{250}{1\,293} = 0.222 < 1.0$

よって，この断面は斜め圧縮破壊に対して安全である．

② $\gamma_i \cdot \dfrac{V_d}{V_{cd}} = 1.15 \times \dfrac{250}{139} = 2.068 > 1.0$

よって，この断面はせん断補強を必要とする．

③ せん断補強鉄筋の設計降伏強度 f_{wyd} について使用スターラップは SD 295 B，その上限は $25 f_{cd}' = 25 \times 30/1.3 = 576.9 \, \text{N/mm}^2$，$800 \, \text{N/mm}^2$ のいずれか小さい値とする．

$\therefore \quad f_{wyd} = 295 \, \text{N/mm}^2$

$$\frac{p_w \cdot f_{wyd}}{f_{dc}'} = \frac{253/(400 \times 200) \times 295}{30/1.3} = 0.0404 \leqq 0.1$$

よって満足する．

$$\gamma_i \times \frac{V_d}{V_{yd}} = 1.15 \times \frac{250}{345} = 0.833 < 1.0$$

よって，せん断破壊に対して安全であることが照査された．

④ スターラップの構造細目については

その間隔 $s = 250\,\mathrm{mm} < \dfrac{1}{2}d = 350\,\mathrm{mm} < 300\,\mathrm{mm}$

よって満足する.

5.3　$V_{pcd} = 421.0\,\mathrm{kN}$

第 6 章

6.1　(1)　$N'_{oud} = 1\,940\,\mathrm{kN}$

(2)　$\lambda = 28.9 < 35$　よって短柱である.

(3)　$\gamma_i \cdot \dfrac{N_d}{N'_{oud}} = 0.57$　よって安全である.

6.2　(1)　$y_0 = 231.4\,\mathrm{mm}$

(2)　$e_b = 251.6\,\mathrm{mm}$,　$N'_b = 1\,097\,\mathrm{kN}$,　$M_b = 276\,\mathrm{kN \cdot m}$

$e = 300 > e_b = 251.6\,\mathrm{mm}$　よって引張破壊である.　$M_{ud} = 247\,\mathrm{kN \cdot m}$

$\gamma_i \cdot \dfrac{M_d}{M_{ud}} = 0.80 < 1.0$　よって安全である.

$\varepsilon'_s = 0.00277 > \varepsilon'_{sy} = 0.00148$　よって降伏している.

第 7 章

7.1　$\gamma_i \cdot \dfrac{y_d}{y_{\lim}} = 1.0 \cdot \dfrac{20.424}{40} = 0.511 \to 0.51 \leqq 1.0$

以上, 中性化にともなう鋼材腐食に対する照査を終える.

7.2　$\gamma_i \cdot \dfrac{s_d}{s_{\lim}} = 1.0 \cdot \dfrac{3.98 \times 10^{-3}}{1.33 \times 10^{-2}} = 0.299 \to 0.30 \leqq 1.0$

以上, 中性化と水の浸透にともなう鋼材腐食に対する照査を終える.

7.3　$\gamma_i \cdot \dfrac{c_d}{c_{\lim}} = 1.0 \cdot \dfrac{1.49}{1.75} = 0.851 \to 0.85 \leqq 1.0$

以上, 塩害環境下における鋼材腐食に対する照査を終える.

第 8 章

8.1　$\sigma_p = 0\,\mathrm{N/mm^2}$ の場合 $f_{rd} = 9.9\,\mathrm{N/mm^2}$.　$\sigma_p = 8\,\mathrm{N/mm^2}$ の場合, $f_{rd} = 5.6\,\mathrm{N/mm^2}$

8.2　空中 $N = 2.4 \times 10^9$,　水中 $N = 3.3 \times 10^5$

第 9 章

9.1　(2)　(3)　(6)　(7)

第 10 章

10.1　p.148 10.1 節 2〜3 行目参照.

10.2　p.156 下から 8〜6 行目参照.

10.3　鉄筋は圧縮されると断面は太くなり, 引っ張られると細くなる. そのため圧縮鉄筋は
引張鉄筋よりもコンクリートから抜けだしにくくなる.

第 11 章

11.1 $M_{\max} = 36.13\,\mathrm{kN \cdot m}$

11.2 $b_e = 1.75\,\mathrm{m}$

11.3 $M_d = 132.3\,\mathrm{kN \cdot m/m}$

第 12 章

12.1 $e_p = 150\,\mathrm{mm}$

12.2 p.181 下 1 行～p.182 上 8 行参照.

12.3 p.182 下 7 行～p.183 上 4 行参照.

12.4 p.184～p.188 下から 10 行目まで参照.

12.5 p.194 上 5 行参照.

12.6 p.193 上から 6～9 行目参照.

12.7 外力によるせん断力, PC 鋼材の引張力の鉛直成分

参考文献

[1] 土木学会：コンクリート標準示方書（2017 年制定），設計編，土木学会，2017
[2] 土木学会：土木学会コンクリート標準示方書（2017 年制定），施工編，土木学会，2017
[3] 土木学会：土木学会コンクリート標準示方書（2018 年制定），維持管理編，土木学会，2018
[4] 日本道路協会：道路橋示方書・同解説，I 共通編，III コンクリート橋編，2012
[5] ASCE-ACI Task Committee 426: The Shear Strength of Reinforced Concrete Members, Proc. of ASCE, Jour. of the Structural Div., Vol. 99, No. ST 6, 1973
[6] R. Park and T. Paulay: Reinforced Concrete Structures, A Wiley-Interscience Publication, 1975
[7] 日本道路協会：道路橋示方書・同解説，III コンクリート橋・コンクリート部材編，2017
[8] 小林一輔，牛島　栄：コンクリート構造物の維持管理，森北出版，2006
[9] 日本道路協会：道路橋示方書・同解説，V 耐震設計編，2017
[10] 土木学会：鉄筋定着・継手指針（2007 年版），土木学会，2007

●全般に関する参考図書

- 大塚浩司，庄谷征美，外門正直，原　忠勝：鉄筋コンクリート工学，技報堂出版，1989
- 村田二郎，国府勝郎，越川茂雄：入門・鉄筋コンクリート工学，技報堂出版，1993
- 大和竹史：鉄筋コンクリート構造，共立出版，1994
- 加藤清志，河合糺茲，加藤直樹：鉄筋コンクリート工学入門，産業図書，1994
- 小林和夫：コンクリート構造学，森北出版，1994
- 吉川弘道：鉄筋コンクリートの設計，丸善，1997
- 岡田　清，伊藤和幸，不破　昭，平澤征夫：鉄筋コンクリート工学，鹿島出版会，1998
- 太田　実，鳥居和之，宮里心一：鉄筋コンクリート工学，森北出版，2004
- 小林一輔，牛島　栄：コンクリート構造物の維持管理，森北出版，2006

付　表

付表 1　異形鉄筋（異形棒鋼）の断面積 [mm²]

呼び名	単位質量 [kg/m]	公称直径 [mm]	1本	2本	3本	4本	5本	6本	7本	8本	9本	10本
D 4	0.110	4.23	14.05	28.1	42.2	56.2	70.3	84.3	98	112	126	141
D 5	0.173	5.29	21.98	44.0	65.9	87.9	109.9	131.9	154	176	198	220
D 6	0.249	6.35	31.67	63.3	95.0	126.7	158.3	190.0	222	253	285	317
D 8	0.389	7.94	49.51	99.0	148.5	198.0	247.6	297.1	347	396	446	495
D 10	0.560	9.53	71.33	142.7	214	285	357	428	499	571	642	713
D 13	0.995	12.7	126.7	253	380	507	633	760	887	1 014	1 140	1 267
D 16	1.56	15.9	198.6	397	596	794	993	1 192	1 390	1 589	1 787	1 986
D 19	2.25	19.1	286.5	573	859	1 146	1 432	1 719	2 006	2 292	2 578	2 865
D 22	3.04	22.2	387.1	774	1161	1548	1935	2 323	2 710	3 097	3 484	3 871
D 25	3.98	25.4	506.7	1013	1 520	2 027	2 533	3 040	3 547	4 054	4 560	5 067
D 29	5.04	28.6	642.4	1 285	1 927	2 570	3 212	3 854	4 497	5 139	5 782	6 424
D 32	7.23	31.8	794.2	1 588	2 383	3 177	3 971	4 765	5 559	6 354	7 148	7 942
D 35	7.51	34.9	956.6	1 913	2 870	3 826	4 783	5 740	6 696	7 653	8 609	9 566
D 38	8.95	38.1	1 140	2 280	3 420	4 560	5 700	6 840	7 980	9 120	10 260	11 400
D 41	10.5	41.3	1 340	2 680	4 020	5 360	6 700	8 040	9 380	10 720	12 060	13 400
D 51	15.9	50.8	2 027	4 054	6 081	8 108	10 135	12 162	14 189	16 216	18 243	20 270

付表 2　異形鉄筋（異形棒鋼）の周長 [mm]

呼び名	1本	2本	3本	4本	5本	6本	7本	8本	9本	10本
D 4	13	26	39	52	65	78	91	104	117	130
D 5	17	34	51	68	85	102	119	136	154	170
D 6	20	40	60	80	100	120	140	160	180	200
D 8	25	50	75	100	125	150	175	200	225	250
D 10	30	60	90	120	150	180	210	240	270	300
D 13	40	80	120	160	200	240	280	320	360	400
D 16	50	100	150	200	250	300	350	400	450	500
D 19	60	120	180	240	300	360	420	480	540	600
D 22	70	140	210	280	350	420	490	560	630	700
D 25	80	160	240	320	400	480	560	640	720	800
D 29	90	180	270	360	450	540	630	720	810	900
D 32	100	200	300	400	500	600	700	800	900	1 000
D 35	110	220	330	440	550	660	770	880	990	1 100
D 38	120	240	360	480	600	720	840	960	1 080	1 200
D 41	130	260	390	520	650	780	910	1 040	1 170	1 300
D 51	160	320	480	640	800	960	1 120	1 280	1 440	1 600

付表 3　おもな普通丸鋼の断面積 [mm²]

径 [mm]	単位質量 [kg/m]	1本	2本	3本	4本	5本	6本	7本	8本	9本	10本
6	0.222	28.3	56.5	84.8	113.1	141.4	169.6	197.9	226	254	283
8	0.395	50.3	100.5	150.8	201	251	302	352	402	452	503
9	0.499	63.6	127.2	190.9	254	318	382	445	509	573	636
12	0.888	113.1	226	339	452	565	679	792	905	1 018	1 131
13	1.04	132.7	265	398	531	664	796	929	1 062	1 194	1 327
16	1.58	201	402	603	804	1 005	1 207	1 408	1 609	1 810	2 011
19	2.23	283	567	850	1 134	1 417	1 701	1 984	2 268	2 551	2 835
22	2.98	380	760	1 140	1 520	1 900	2 281	2 661	3 041	3 421	3 801
25	3.85	491	982	1 473	1 964	2 454	2 945	3 436	3 927	4 418	4 909
28	4.83	616	1 232	1 847	2 463	3 079	3 695	4 311	4 926	5 542	6 158
32	6.31	804	1 608	2 413	3 217	4 021	4 825	5 629	6 434	7 238	8 042

付表 4　おもな普通丸鋼の周長 [mm]

径 [mm]	1本	2本	3本	4本	5本	6本	7本	8本	9本	10本
6	18.85	37.7	56.6	75.4	94.3	113.1	132.0	150.8	169.7	188.5
8	25.13	50.3	75.4	100.5	125.7	150.8	175.9	201.1	226.2	251.3
9	28.28	56.5	84.8	113.1	141.4	169.6	197.9	226.2	254.5	282.7
12	37.70	75.4	113.1	150.8	188.5	226.2	263.9	301.6	339.3	377.0
13	40.84	81.7	122.5	163.4	204.2	245.0	286.0	326.7	367.6	408.4
16	50.27	100.5	150.8	201.1	251.3	301.6	351.9	402.1	452.4	502.7
19	59.69	119.4	179.1	238.8	298.5	358.1	417.8	477.5	537.2	596.9
22	69.12	138.2	207.3	276.5	345.6	414.7	483.8	552.9	622.0	691.2
25	78.54	157.1	235.6	314.2	392.7	471.2	549.8	628.3	706.9	785.4
28	87.97	175.9	263.9	351.9	439.8	527.8	615.8	703.7	791.7	879.7
32	100.53	201.1	301.6	402.1	502.7	603.2	703.7	804.2	904.8	1 005.3

索 引

著者略歴

戸川　一夫（とがわ・かずお）（京都大学工学博士）
　1965 年　徳島大学工学部土木工学科卒業
　1968 年　徳島大学大学院工学研究科修士課程修了
　1983 年　和歌山工業高等専門学校教授
　2005 年　和歌山工業高等専門学校退職（現在に至る）

岡本　寛昭（おかもと・ひろあき）（東京都立大学工学博士）
　1969 年　日本大学理工学部土木工学科卒業
　1971 年　東京都立大学大学院工学研究科修士課程修了
　1993 年　舞鶴工業高等専門学校教授
　2010 年　舞鶴工業高等専門学校名誉教授（現在に至る）

伊藤　秀敏（いとう・ひでとし）
　1969 年　広島工業大学工学部土木工学科卒業
　1974 年　広島大学大学院修士課程修了
　1990 年　広島工業大学工学部准教授
　2009 年　広島工業大学退職（現在に至る）

豊福　俊英（とよふく・としひで）（京都大学工学博士）
　1971 年　九州工業大学工学部土木工学科卒業
　1976 年　京都大学大学院工学研究科土木工学専攻単位修得退学
　1997 年　関西大学工学部教授
　2013 年　関西大学名誉教授（現在に至る）

三岩　敬孝（みついわ・よしたか）（徳島大学 博士（工学））
　1993 年　徳島大学工学部建設工学科卒業
　1995 年　徳島大学大学院工学研究科博士前期課程修了
　1995 年　徳島大学助手
　1997 年　和歌山工業高等専門学校助手
　2007 年　和歌山工業高等専門学校助教
　2008 年　和歌山工業高等専門学校准教授
　2015 年　和歌山工業高等専門学校教授（現在に至る）

横井　克則（よこい・かつのり）（徳島大学 博士（工学））
　1989 年　徳島大学工学部土木工学科卒業
　1991 年　徳島大学大学院工学研究科修士課程修了
　1991 年　徳島大学助手
　1994 年　高知工業高等専門学校助手
　2000 年　高知工業高等専門学校助教授
　2015 年　高知工業高等専門学校教授（現在に至る）

青木　優介（あおき・ゆうすけ）（長岡技術科学大学 博士（工学））
　1996 年　長岡技術科学大学工学部建設工学課程卒業
　1998 年　長岡技術科学大学大学院工学研究科修士課程建設工学専攻修了
　2002 年　長岡技術科学大学大学院工学研究科博士後期課程材料工学専攻修了
　2002 年　木更津工業高等専門学校環境都市工学科助手
　2018 年　木更津工業高等専門学校環境都市工学科教授（現在に至る）

武田　字浦（たけだ・なほ）（立命館大学 博士（工学））
　2002 年　立命館大学理工学部土木工学科卒業
　2004 年　立命館大学大学院理工学研究科環境社会工学専攻博士課程前期課程 修了
　2007 年　立命館大学大学院理工学研究科総合理工学専攻博士課程後期課程 修了
　2007 年　立命館大学理工学部助手
　2009 年　明石工業高等専門学校都市システム工学科助教
　2014 年　明石工業高等専門学校都市システム工学科准教授（現在に至る）

編集担当　富井　晃・佐藤令菜（森北出版）
編集責任　藤原祐介（森北出版）
組　　版　プレイン
印　　刷　ワコープラネット
製　　本　ブックアート

コンクリート構造工学（第 5 版）　　　　　【本書の無断転載を禁ず】

1999 年 12 月 6 日　　第 1 版第 1 刷発行
2001 年 9 月 28 日　　第 1 版第 2 刷発行
2003 年 5 月 20 日　　第 2 版第 1 刷発行
2008 年 2 月 20 日　　第 2 版第 3 刷発行
2010 年 1 月 25 日　　第 3 版第 1 刷発行
2014 年 3 月 20 日　　第 3 版第 4 刷発行
2014 年 11 月 13 日　　第 4 版第 1 刷発行
2019 年 2 月 20 日　　第 4 版第 4 刷発行
2020 年 2 月 27 日　　第 5 版第 1 刷発行
2022 年 3 月 22 日　　第 5 版第 3 刷発行

著　　　者　戸川一夫・岡本寛昭・伊藤秀敏・豊福俊英
　　　　　　三岩敬孝・横井克則・青木優介・武田字浦
発 行 者　森北博巳
発 行 所　森北出版株式会社
　　　　　　東京都千代田区富士見 1-4-11（〒102-0071）
　　　　　　電話 03-3265-8341／FAX 03-3264-8709
　　　　　　https://www.morikita.co.jp/
　　　　　　日本書籍出版協会・自然科学書協会　会員
　　　　　　JCOPY ＜（一社）出版者著作権管理機構　委託出版物＞

落丁・乱丁本はお取替えいたします.

Printed in Japan／ISBN978-4-627-40655-1